MANUEL PRATIQUE DE L'INSTALLATION

DE LA

LUMIÈRE ÉLECTRIQUE

Deuxième volume

8° V 12271 (3)

BIBLIOTHÈQUE DES ACTUALITÉS INDUSTRIELLES. — N° 38.

MANUEL PRATIQUE DE L'INSTALLATION DE LA LUMIÈRE ÉLECTRIQUE

PAR

J.-P. ANNEY
Ingénieur-Électricien

Stations centrales

Avec 99 figures dans le texte et 10 planches

PARIS
BERNARD TIGNOL, ÉDITEUR
LIBRAIRIE SCIENTIFIQUE, INDUSTRIELLE ET AGRICOLE
Acquéreur des Publications Eugène LACROIX
53bis, QUAI DES GRANDS-AUGUSTINS, 53bis

INTRODUCTION

Après avoir énuméré dans le premier volume les règles pratiques concernant le montage des installations privées de lumière électrique, je traite entièrement dans ce second volume la question si importante des Stations centrales.

J'ai suivi la ligne de conduite précédemment adoptée je ne décris aucun appareil et ne donne aucune théorie.

La première partie de ce second volume est consacrée à la description de tous les genres de distribution ayant reçu des applications industrielles. De nombreux renseignements sont donnés, sur le groupage et l'installation des machines, l'étude et le calcul des réseaux, l'agencement des tableaux de distribution, etc.

Enfin la deuxième partie indique les meilleures conditions d'établissement des distributions d'électricité, des stations centrales, des canalisations et des installations intérieures chez les abonnés.

Cet ouvrage est principalement, comme on le remarquera, un résumé des applications faites à Paris lesquelles j'ai pu visiter et étudier sur place.

J'espère qu'il rendra quelques services aux personnes ayant à s'occuper de ces questions et si quelques points sont encore insuffisamment développés, je me propose d'y remédier dans les prochaines éditions qui seront toujours tenues au courant des perfectionnements les plus récents, concernant l'établissement des Stations centrales.

Je suis heureux de remercier vivement mon ami G. Chenet, qui a bien voulu me prêter son concours actif dans la correction des épreuves, collaborer à la rédaction de certaines parties de cet ouvrage, et en particulier exécuter la plupart des plans et schemas.

J. P. ANNEY.

Paris, le 20 mai 1891.

INSTALLATION PRATIQUE

DE LA

LUMIÈRE ÉLECTRIQUE

STATIONS CENTRALES.

Comme le font les usines à gaz, les stations centrales d'électricité distribuent la lumière électrique et la force motrice aux industriels, commerçants et particuliers d'un quartier ou d'une ville. Elles fournissent le seul moyen de mettre la lumière électrique à la portée de tous et présentent de grandes commodités pour le consommateur qui n'a à s'inquiéter de rien, une simple manœuvre d'interrupteur étant suffisante pour obtenir la lumière ou la supprimer.

Jusqu'à présent les usines électriques établies en Europe livrent généralement leur éclairage à des prix supérieurs à ceux du gaz, tout en travaillant avec peu de bénéfices. Les compagnies gazières peuvent souvent, au contraire, baisser leurs prix dans de grandes proportions, réaliser des bénéfices suffisants et amener la chute des usines électriques concurrentes.

Les causes qui rendent les usines électriques inférieures aux usines à gaz sont nombreuses. On construit généralement les usines au centre des quartiers à éclairer, où les terrains sont d'un prix très élevé, les emplacements très exigus. Le matériel doit être installé pour le maximum de lampes susceptibles d'être allumées simultanément afin de pouvoir toujours satisfaire à la demande. Le matériel est donc incomplètement utilisé la nuit et presque complètement inutilisé toute la journée.

D'un autre côté les accumulateurs sont encore encombrants et d'un prix élevé, malgré les grands progrès que l'on a fait ces dernières années dans la fabrication de ces appareils.

Ces causes contribuent puissamment à augmenter le prix de l'éclairage électrique.

La distribution du gaz repose au contraire exclusivement sur l'emploi de réservoirs présentant d'énormes avantages sur les accumulateurs électriques. Le choix de l'emplacement des usines à gaz est moins difficile et le prix de revient du gaz est dégrevé du prix de vente des sous-produits.

Jusqu'à présent les stations centrales se sont contentées de distribuer de la lumière électrique, du moins en Europe, et l'on vient de voir dans quelles conditions défectueuses fonctionnent ces usines au point de vue de l'utilisation du matériel. Les Américains font en ce moment tous leurs efforts pour multiplier le nombre des moteurs électriques alimentés par les stations centrales de façon à utiliser le matériel de leur usine pendant la journée. Une partie de leurs dynamos fonctionne maintenant nuit et jour, apportant une nouvelle source de revenus sans augmentation de matériel producteur.

Les stations centrales ne recevront tout le développement qu'elles peuvent atteindre que lorsqu'elles distribueront la force motrice le jour et l'éclairage le soir. C'est la seule manière d'arriver à une production économique de l'électricité par suite de l'utilisation presque complète pendant 24 heures de tout le matériel de l'usine.

D'un autre côté, avec les systèmes de distribution à haute tension, il est maintenant possible d'établir des stations uniques de distribution de l'énergie électrique pour des villes de l'importance de Paris et même pour tout un groupe de localités industrielles, pour servir à de multiples applications : éclairage, force motrice, traction sur grandes voies ferrées, galvanoplastie, etc.

Cette idée est en voie de réalisation, on construit en ce moment à Deptford, à 7 kilomètres de Londres, une usine centrale colossale prévue pour alimenter 2.000.000 de lampes, chiffre qui représente environ la moitié de l'éclairage de Londres.

D'un autre côté on annonçait récemment qu'un projet était à l'étude à Dresde pour l'établissement d'un usine électrique destinée à alimenter Dresde et 168 localités industrielles de la région et que ce projet venait de recevoir, après une longue discussion, l'approbation du gouvernement saxon qui aurait même, paraît il, l'intention de créer cinq autres réseaux analogues pour alimenter tout le royaume.

Si l'on entre dans cette voie qui est à mon avis la seule qui puisse assurer le succès des usines centrales, il est dès à présent probable qu'un grand nombre des usines actuellement en fonctionnement seront, dans un avenir plus ou moins éloigné, à supprimer ou à modifier. Elles devront abandonner les systèmes de distribution qu'elles emploient actuellement et comme le matériel est en général spécial pour chaque système de distribution, il s'ensuivra qu'elles devront recommencer entièrement leur installation avec un matériel nouveau. Il est donc prudent, avec une marche aussi rapide que celle des découvertes en électricité de ne pas s'adonner à un système complètement spécial de distribution, dont toutes les parties du matériel sont absolument dépendantes. Il est nécessaire de combiner un système tel que l'on puisse le modifier à volonté et qu'en changeant une partie seule du matériel on puisse faire emploi d'un système de distribution tout autre sans dépenses au-dessus des forces de la compagnie.

C'est surtout la canalisation que l'on doit étudier le plus attentivement car lorsqu'une canalisation est établie, elle fait pour ainsi dire partie intégrante du sol et il est souvent bien plus onéreux de la relever que de l'abandonner.

A ce point de vue les réseaux à mailles avec canalisations souterraines formés de câbles armés enfouis directement sous terre paraissent préférables.

Nous allons énumérer les grands avantages que permettraient de réaliser les grandes stations de distribution d'électricité pour l'éclairage, la force motrice, la traction, les travaux chimiques, etc., par suite de la possibilité de faire emploi d'unités mécaniques de grande puissance :

1° Moins grande consommation de charbon par cheval et par heure dans un ensemble de puissantes chaudières et de fortes machines compound installées à poste fixe. Les chaudières et moteurs de grandes dimensions consomment de 700 à 800 grammes de charbon par cheval et par heure tandis que les moteurs de puissance moyenne consomment jusqu'à 2 kilos de charbon par cheval-heure. Cette différence de consommation tient à bien des causes dont voici les principales :

a¹) Soins plus grands apportés à la construction des grandes machines, munies de condenseurs et détentes variables par le régulateur.

a²) Utilisation meilleure du charbon dans les grandes chaudières où l'on obtient une combustion lente par suite des faibles vitesses des gaz dans les carneaux, et où l'on a de grands réservoirs de vapeur maintenant une pression constante.

a^3) Marche continue supprimant les allumages dispendieux des chaudières.

a^4) Condensation de la vapeur, diminuée par le fait de conduites ou de cylindres présentant des surfaces moins étendues par rapport à leur volume ainsi que par le fait de la protection des enveloppes de vapeur par des matières mauvaises conductrices de la chaleur, précaution souvent négligée dans les petites machines.

a^5) Fuites de vapeur moins considérables, le nombre des joints étant diminué.

a^6) Action refroidissante des tiges de piston et de tiroirs moins importante; la surface de ces tiges étant plus faible pour la même force.

a^7) Etranglement et laminage de la vapeur, espaces nuisibles du cylindre, frottements et résistances passives sensiblement diminués pour une même force.

2° Achat du charbon à la mine elle-même et transport par bateaux ou wagons complets aux soutes à charbon de l'usine d'où il tombe directement devant la gueule des chaudières, ce qui fait une économie énorme sur le prix du charbon acheté au détail.

3° Facilité de se procurer l'eau d'alimentation qu'on peut puiser directement au moyen de pompes soit dans un cours d'eau à proximité de l'usine, soit dans la couche aquifère, ce qui revient en général meilleur marché que l'eau de la ville.

4° Possibilité d'avoir des services de jour et de nuit sur la même canalisation, ce qui permet d'augmenter considérablement les recettes et de reporter l'amortissement des machines sur une production double.

5° Surveillance et conduite des usines moins chère par cheval-heure. En effet, une machine de 10,000 chevaux ne nécessite guère que deux mécaniciens et le service des chaudières 20 chauffeurs, alors que 10,000 chevaux divisés en forces de 100 chevaux nécessitent au moins 50 mécaniciens et 50 chauffeurs. On voit quelle économie énorme peuvent procurer des unités de cette puissance dans l'exploitation d'une station centrale.

Les avantages des grandes usines électriques sont donc considérables, et en raison de ces avantages il est certain que dans un avenir rapproché il en sera de même des Compagnies électriques de Paris qu'il en a été jadis des Compagnies gazières. Les Compagnies électriques fusionneront ensemble et étudieront un système de distribution unique en tenant compte de l'expérience qu'elles auront acquise des divers systèmes de distribution et de canalisation employés actuellement.

PREMIÈRE PARTIE

DISTRIBUTION DU COURANT

La question la plus importante dans l'étude de l'éclairage d'une ville est de bien déterminer le système de distribution dont il faut faire usage. Le succès de l'entreprise dépend absolument du système dont on a fait choix ; et le genre, le nombre et la puissance des moteurs, dynamos et appareils accessoires, dépendent du système de distribution et de l'importance de l'usine à créer.

Un choix raisonné du système de distribution peut permettre de réduire grandement les dépenses de premier établissement ainsi que les dépenses d'exploitation. Nous allons examiner tous les systèmes de distribution employés dans la pratique et indiquer leurs avantages et inconvénients ainsi que les meilleures dispositions et méthodes de montage pour chacun d'eux.

CHAPITRE I

DISTRIBUTIONS A BASSE ET MOYENNE TENSION

DISTRIBUTION SIMPLE EN DÉRIVATION, A DEUX FILS.

Ce système de distribution qui consiste comme on sait à brancher en dérivation les appareils récepteurs, lampes, moteurs, etc., sur les deux conducteurs qui partent des bornes de la machine électrique, assure une indépendance complète des lampes ; la rupture d'un fil n'amène l'extinction que des lampes qu'il alimente.

L'allumage et l'extinction des lampes montées en dérivation sur un même circuit, changent la perte de potentiel dans les conducteurs, et les lampes ont par suite des variations d'éclat traduisant les augmentations ou diminution de force électromotrice à leurs bornes. C'est l'un des inconvénients de ce genre de distribution, mais le plus grave, c'est la difficulté d'assurer une force électromotrice constante aux diverses lampes successives placées à des distances de plus en plus grandes de la machine. En effet, soit un nombre de lampes quelconque, branchées successivement en dérivation sur les deux conducteurs parallèles partant des pôles de la machine génératrice, il est clair que la seconde lampe à partir de la machine recevra un peu moins de courant que la première, la troisième un peu moins de courant que la deuxième, et ainsi de suite en s'écartant de la machine.

Comme il serait : 1° trop coûteux de faire usage de conducteurs assez gros pour restreindre les variations de force électromotrice dans les limites convenables, c'est-à-dire ne pas dépasser 1 à 2 volts au-dessus ou au-dessous du voltage normal ; 2° en outre, peu pratique de placer des lampes dont la résistance diminue avec leur distance de la machine, et d'autant moins que ce moyen cesse d'être efficace lorsque le nombre de lampes en service varie, on a recours à des dispositions spéciales de circuits permettant d'assurer l'emploi d'un même type de lampes à toutes les distances de la machine.

Deux dispositions dans lesquelles toutes les lampes sont à la même distance de la machine et ont par conséquent le

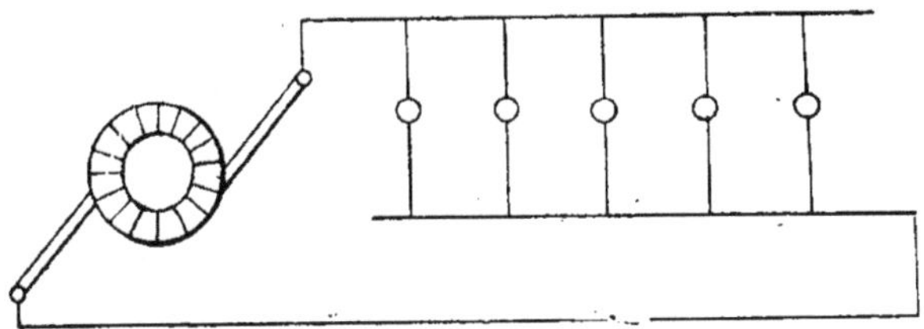

Fig. 1.

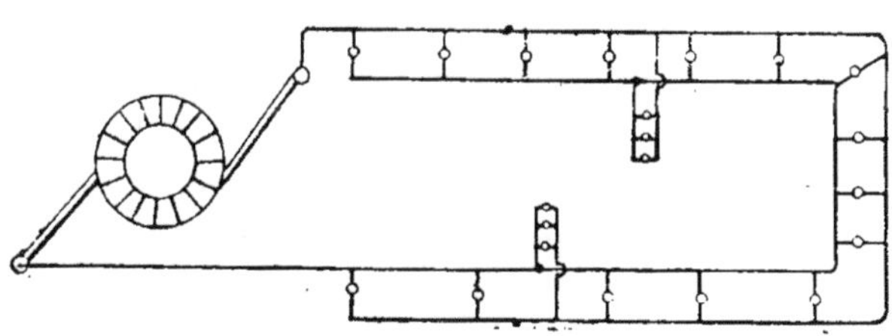

Fig. 2.

même voltage à leurs bornes, sont généralement employées ; l'une représentée par la figure 1 est appelée trois fils ou encore distribution en boucle ; l'autre représentée par la figure 2, appelée ceinture, ou montage en dérivation par opposition, est surtout applicable pour l'alimentation d'un pâté de maisons ou d'une place.

Ces deux dispositions de circuits permettent d'étendre la surface desservie par la station centrale dans des limites assez considérables tout en maintenant toutes les lampes à un voltage sensiblement constant, pourvu que l'on règle la force électromotrice au départ des circuits suivant le nombre de lampes allumées.

Les pertes de voltage généralement admises ne dépassent pas 10 à 15 %. Les usines qui fonctionnent avec ce système de distribution n'en sont pas toutes satisfaites, les variations constantes dans le nombre de lampes allumées exigeant pour chacun des circuits une surveillance continuelle et très active afin de maintenir constamment le voltage à son chiffre normal.

Pour éviter ce réglage certains électriciens se sont proposé, en faisant emploi de simples circuits à deux fils, d'installer chez chaque client un régulateur automatique qui maintiendrait le voltage à la même valeur en insérant ou en retirant des résistances du circuit du consommateur. Cette solution est très coûteuse parce qu'elle absorbe une certaine quantité d'énergie et nécessite l'emploi d'autant de ces régulateurs qu'il y a de consommateurs. En outre, ces appareils sont toujours très compliqués, coûtent très cher et leur fonctionnement n'a pas toujours donné de bons résultats. Il est bien plus simple, de faire usage de circuits bouclés dont le voltage est maintenu à l'usine en rapport avec le nombre de lampes allumées.

Les distributions simples en dérivation sont généralement réalisées à 75 volts pour lampes à arc en dérivation et à 100 volts pour lampes à incandescence également en dérivation et lampes à arc par deux en tension. On peut aussi les réaliser à 150 et 200 volts en employant des lampes à incandescence de voltage correspondant.

Lorsque l'on emploie le système de distribution en dérivation avec des circuits simples ou bouclés, un nombre de circuits, variable avec l'importance de la surface à desservir, part de la station centrale et chacun de ces circuits est muni à son départ d'un interrupteur, de deux plombs fusibles de sûreté, d'une paratonnerre, d'une résistance variable permettant de régler le voltage aux lampes d'après les indications d'un ampèremètre et d'un voltmètre ou mieux d'un voltmètre différentiel.

DISTRIBUTION EN DÉRIVATION, PAR FEEDERS

Dans ce système de distribution représenté schématiquement, figure 3, tous les appareils récepteurs, lampes, moteurs, etc.. sont branchés en dérivation sur un réseau com-complètement isolé de l'usine, le réseau est constitué par un grand nombre de fils circulant dans toutes les rues à proximité des appareils récepteurs. A tous leurs points de croisement ces fils sont reliés entre eux et forment pour ainsi dire une immense toile d'araignée ou filet dans les mailles duquel sont situées toutes les lampes.

La grande quantité de fils et leurs nombreux points de croisement et de réunion assure à ce réseau une résistance réduite extrêmement faible et n'occasionnant que de faibles pertes de charge.

L'alimentation de ce réseau est assurée au moyen d'un

nombre de conduites principales ou feeders proportionné à l'étendue et à l'importance de la distribution électrique.

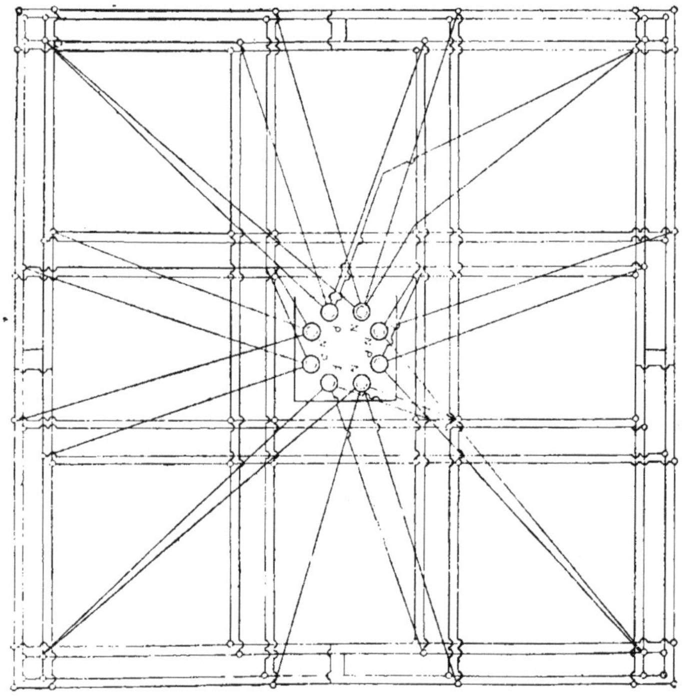

Fig. 3.

On ne prend aucune dérivation directe sur ces conduites, elles sont absolument continues depuis la station centrale jusqu'à leur point d'attache au réseau.

C'est à ce point d'attache que les volts doivent rester constamment les mêmes, et pour qu'il en soit ainsi on relie les voltmètres de l'usine en cet endroit, au moyen de fils pilotes et l'on se guide sur leurs indications pour effectuer convenablement le réglage.

On voit que le fonctionnement est identique à celui que procureraient des centres de distribution placés aux points d'attache des feeders et que cette disposition est particulièrement favorable à la bonne répartition.

En outre l'interruption des quatre conducteurs formant les quatre côtés de l'une des mailles du filet, de même que l'interruption d'un feeder, ne peuvent amener d'extinction, il ne peut en résulter qu'un affaiblissement de la lumière.

Ce système de distribution permet d'étendre considérablement la surface desservie par la station centrale et de toujours obtenir un fonctionnement sûr et régulier.

Établissement des réseaux. — Les feeders sont alimentés soit : 1° par les barres collectrices générales de l'usine sur lesquelles toutes les dynamos sont groupées en quantité ; 2° par une machine spéciale pour chacun d'eux. Il est aussi possible de subdiviser les conduites en plusieurs groupes ayant tous à peu près la même longueur et la même perte de tension. Au moment du maximum de consommation, les dynamos alimentant les feeders les plus longs fonctionnent à un potentiel plus élevé que celui des autres. Quand la consommation est faible et la perte dans les fils minime, toutes les dynamos fonctionnent en quantité, ou bien tous les feeders sont alimentés par une seule dynamo.

Les deux derniers modes de groupement sont plus économiques au point de vue de la dépense de cuivre, et de la dépense de courant, mais on a préféré en général la marche continuelle en quantité de toutes les machines sur le circuit général, système un peu moins économique, mais qui a l'avantage de la simplicité.

L'égalisation de la différence de potentiel aux points d'attache des feeders avec le réseau est obtenue à la main ou automatiquement au moyen de l'insertion de résistances dans les feeders les moins chargés, ou dans le circuit d'excitation des dynamos les alimentant de manière à ramener à sa valeur normale la différence de potentiel à leur extrémité.

Le réglage automatique qui donne de bons résultats dans quelques usines dispense d'une surveillance aussi active que celle nécessitée par le réglage à la main, mais les usines qui en font usage ont conservé la possibilité d'opérer le réglage à la main pour le cas où le réglage automatique ne fonctionnerait pas ou fonctionnerait mal.

Lorsque tous les feeders se trouvent à des tensions supérieures à la tension normale, au lieu d'agir sur chacun d'eux isolément, il est plus avantageux de réduire les volts de l'ensemble des machines jusqu'à ce que le feeder qui avait primitivement la tension la plus basse, soit ramené à la tension normale sans le secours de son régulateur. Les autres feeders sont ensuite équilibrés au moyen de leurs régulateurs de feeders.

M. Forbes pense que l'on a mal placé jusqu'ici les points d'attache des fils auxiliaires communiquant aux voltmètres de l'usine et indiquant les volts aux extrémités des conduites d'alimentation. Voici ce qu'il dit à ce sujet :

Supposons qu'il existe une variation de 4 0/0 dans le réseau alimenté par les feeders et que le point où ce dernier est relié au premier soit maintenu à un potentiel constant, alors la lampe la plus éloignée subit une variation de tension de 4 0/0. Mais si, au contraire, le fil auxiliaire partant d'un point à mi-chemin entre la lampe la plus éloignée et le point d'attache du feeder, et si ce point est maintenu à un potentiel constant, alors le maximum de variation est réduit de moitié, c'est-à-dire à 2 0/0.

On voit donc qu'en plaçant bien les fils auxiliaires, on peut réduire les variations de tension de moitié, ce qui revient à une réduction de moitié du cuivre employé dans les conducteurs du réseau.

On peut supprimer les fils auxiliaires en réglant les volts au départ des feeders d'après un voltmètre différentiel pourvu de deux enroulements agissant en sens inverse. L'un des enroulements, en fil fin, est pris en dérivation sur les lames collectrices de l'usine ; le second en gros fil est traversé par le courant total du feeder à régler. Lorsque ce courant est nul, le voltmètre indique les volts au départ du feeder, dès qu'il augmente l'aiguille indicatrice tend à diminuer. Pour la maintenir fixe, il suffit de supprimer une partie des résistances intercalées sur le feeder ou d'augmenter les volts aux bornes des machines.

Lorsque la ville à éclairer est très étendue, on établit plusieurs usines électriques, de préférence au centre des quartiers où il se fait la plus grande consommation de lumière. Ces usines distribuent leur courant dans le réseau général et sont réparties de façon à venir en aide les unes aux autres en cas d'avarie ou d'interruption dans le service, survenue à l'une d'elles. A cet effet, les feeders sont chevauchés, ce qui facilite l'alimentation de tout le réseau par une seule des usines aux moments de la soirée ou de la journée où la consommation de lumière est faible. Les pertes de charge dans ces moments sont très minimes et tout réglage à l'usine est inutile.

A tous les points de raccordement des feeders avec le réseau et à tous les points de jonction importants des divers conducteurs du réseau, on devra intercaler des pièces fusibles, afin d'éviter les court-circuits et autres accidents pouvant nuire au bon fonctionnement de la distribution. Si l'une des pièces fusibles vient à fondre, elle isole le conducteur du réseau ou le feeder défectueux.

Toutes les parties du réseau de distribution doivent pouvoir être isolées facilement de façon à permettre toute réparation ou modification de l'installation sans interrompre le service en aucun point de la ville.

Calcul des réseaux. — Dans l'établissement de ces réseaux, il faut avant tout se donner la proportion la plus avantageuse pour l'énergie absorbée par les conducteurs. Si l'on ne consent qu'à une perte très faible, on réduit évidemment la puissance des machines et l'on réalise ainsi une économie dans les frais de premier établissement de l'usine proprement dite et dans les frais d'exploitation. Il faudra par contre employer des sections de cuivre très fortes et la canalisation coûtera extrêmement cher.

Il est évident qu'inversement en prenant une perte trop forte, on réduit d'une manière considérable le prix de la canalisation, mais en revanche on augmente sensiblement les frais d'installation de l'usine et beaucoup ceux d'exploitation. Entre ces deux extrêmes, il faut choisir le point le plus favorable. L'expérience conduit à adopter une perte maxima de 13 0/0 du départ de l'usine aux bornes des lampes.

Si l'on suppose qu'il s'agisse de lampes de 100 volts, on ne peut admettre une divergence supérieure à 3 ou 4 volts dans la différence de potentiel de deux lampes semblables sans produire une différence d'éclat sensible. Il est même prudent de ne pas dépasser 3 volts. Il ne doit y avoir une différence supérieure à 3 volts entre les points du réseau les plus favorisés et ceux qui le sont le moins. Comme il faut déduire environ 1 0/0 pour la canalisation des immeubles, on voit que l'on devra réduire à 2 0/0 les divergences extrêmes de différence de potentiel dans le réseau proprement dit sur lequel se trouvent branchées les lampes.

Ce sont donc les conducteurs principaux qui sont le siège de la plus grande perte de charge ; mais comme ils sont continus et sans dérivations, leur calcul est simple et facile.

Tous doivent desservir un nombre égal de lampes, et, par suite, leur résistance devra être la même.

Deux moyens sont employés pour déterminer la section des divers conducteurs du réseau :

1° On adopte une section uniforme en principe pour les conducteurs du réseau et l'on multiplie suffisamment les points d'attache des feeders pour ne pas dépasser entre deux points quelconques la divergence de deux volts dont on a parlé.

2° On détermine d'avance les points d'attache des feeders avec le réseau et l'on calcule ensuite la section des conducteurs du réseau pour rester dans les mêmes limites de divergence de 2 volts entre deux points quelconques.

Les calculs à effectuer pour déterminer les sections des conducteurs du réseau où les points d'attache des feeders sont très compliqués et très laborieux et sont basés sur les lois de Kirchoff. On suppose que les conducteurs de retour, ainsi que les appareils récepteurs ont une résistance nulle. On doit donc pour obtenir la perte de charge véritable doubler la résistance des conducteurs du réseau.

Les calculs étant effectués, on peut les vérifier expérimentalement avec le secours d'une pile et d'un galvanomètre sur un réseau réduit, en fil de maillechort, de résistance proportionnelle à celle du réseau à contrôler et fixé sur un plan de la ville peint sur bois à une assez grande échelle. Il suffit d'y faire passer le courant de la pile par des fils d'alimentation ayant tous la même résistance et se branchant en des points différents ; enfin de déterminer par tâtonnements les points où il convient de faire les jonctions entre les fils d'alimentation et le réseau pour que la différence de potentiel entre deux points quelconques du réseau ne dépasse pas le maximum admis. Comme il n'est pas possible qu'un réseau ainsi étudié ne subisse pas des changements dans la suite, à cause de nouveaux consommateurs qui demandent la lumière, il devient toujours nécessaire d'étudier l'agrandissement du réseau ; ce qui exige de nouveaux calculs ayant pour but soit d'augmenter la section d'un ou plusieurs conducteurs du réseau, soit de déplacer les points où sont reliés à celui-ci, les feeders actuels.

Tableaux de distribution.—Nous allons énumérer et décrire les appareils que comprend le tableau-type, pour distribution en dérivation représenté par la planche n° 1.

Ce tableau comprend 3 barres de distribution numérotées 1, 2, 3. A celles 1 et 2 sont reliés tous les circuits venant des dynamos, des barres 2 et 3 partent tous les circuits d'éclairage; les deux barres extrêmes 1 et 3 communiquent entre elles par deux ampèremètres placés aux deux extrémités du tableau et dont il suffit d'additionner les indications pour connaître le débit total de l'usine. Les ampèremètres peuvent être mis ou non en circuit au moyen des interrupteurs à broche I et I'.

Au-dessus de ces barres se trouvent réunis tous les appareils de mesure et de contrôle de la production, ainsi que tous les appareils de mesure, de contrôle, de sécurité et de réglage des circuits d'alimentation du réseau ; au-dessous se trouvent réunis les interrupteurs de groupage des dynamos.

Groupe n° 1. — Dans le groupe 1, la mise en circuit des dynamos sur le réseau s'effectue au moyen d'un simple interrupteur. Mais il faut préalablement exciter la machine ; un commutateur C à deux directions permet de l'exciter sur elle-même ou par le courant du réseau. Cette disposition très simple suffit, si l'on apporte beaucoup d'attention aux manœuvres de mise en circuit ou hors circuit des dynamos. Chaque machine possède en outre un ampèremètre et un régulateur de champ magnétique, ce dernier permettant de la régler au voltage voulu.

Un régulateur de champ magnétique de plus grandes dimensions est commun aux deux dynamos et permet de régler leur champ magnétique simultanément par une même manœuvre.

Groupe n° 2. — Ici la mise en circuit est effectuée au moyen d'un commutateur C de construction spéciale permettant :

1° D'exciter la machine avant sa mise en circuit ;

2° De la mettre hors circuit avant d'avoir coupé son champ magnétique.

Ce commutateur rend impossible toute fausse manœuvre.

Dans le circuit de chacune des dynamos sont aussi intercalés, comme dans le groupe n° 1, un ampèremètre et un régulateur de champ magnétique. Les deux régulateurs de champ magnétique peuvent ou non être commandés par un seul arbre sur lequel ils peuvent être rendus solidaires ou non, afin de permettre le réglage individuel ou simultané des 2 régulateurs. Le dispositif employé dans l'installation du Grand Opéra de Paris (fig. 4) convient très bien pour cet usage. Chacun des régulateurs est fixé

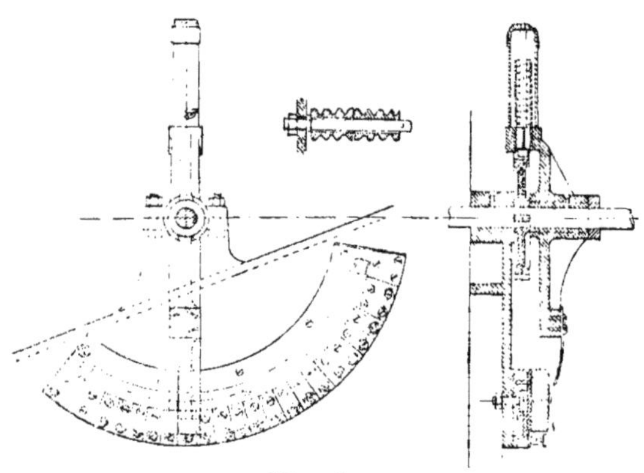

Fig. 4.

sur un cadre en fonte et chacune de leurs manettes porte un encliquetage qui permet de les embrayer à volonté sur une roue dentée calée sur l'arbre. Celui-ci est terminé à son extrémité par un volant qu'il suffit de tourner pour régler simultanément le champ magnétique de toutes les dynamos.

Appareils de mesure, de contrôle et de sécurité.

1° Un voltmètre différentiel servant à la mise en quantité des machines, dont un enroulement est pris en dérivation sur les barres 1 et 2 indique constamment la tension à l'usine, l'autre enroulement est mis en communication au moyen de 4 interrupteurs à cheville et de 4 boutons de contact avec l'une des dynamos à mettre en circuit.

2° Deux voltmètres sont branchés sur les fils de retour des 2 feeders, de manière à indiquer constamment la force électromotrice aux points d'attache de ceux-ci au réseau.

3° Deux indicateurs de tension sont également branchés sur ces fils de retour et avertissent par un signal acoustique et un signal optique si les variations de tension aux extrémités des feeders dépassent les limites admises. Quand par exemple la tension dépasse le maxima admis, l'indicateur de tension établit un contact qui allume une lampe rouge et actionne une sonnerie. Dans le cas où au contraire la tension vient à trop baisser, un deuxième contact est établi qui allume une lampe bleue et fait fonctionner la sonnerie.

4° Un indicateur de terres placé au centre du tableau porte deux lampes du même voltage que celles employées dans le réseau, elles sont montées en tension sur les barres 2 et 3 et reliées par leur milieu à la terre par l'intermédiaire d'un fil qui traverse une sonnerie S. Quand l'isolement du réseau est bon, les deux lampes sont également rouges. Si un conducteur relié à l'une des barres vient à être accidentellement mis en contact avec le sol, la lampe reliée à cette barre s'éteint, tandis que l'éclat de l'autre lampe augmente. L'effet inverse se produit si c'est l'autre barre qui est en communication avec la terre. Dans les deux cas, la sonnerie S se met à tinter.

5° Sur chaque feeder sont intercalés un ampèremètre enregistreur, 2 plombs fusibles de sûreté et un rhéostat pour maintenir le voltage constant aux points d'attache des feeders avec le réseau.

Commutateur Cance. — Cet appareil représenté par la fig. 5 permet d'envoyer la totalité du courant d'une dynamo directement dans le réseau et de prendre à tout moment l'intensité totale sans troubler en aucune façon le régime normal de distribution. Il est formé de disques métalliques M, isolés les uns des autres, réunis par des boulons, et portant sur leurs surfaces extérieures des plaques isolantes N. Des sabots métalliques S réunissent les disques

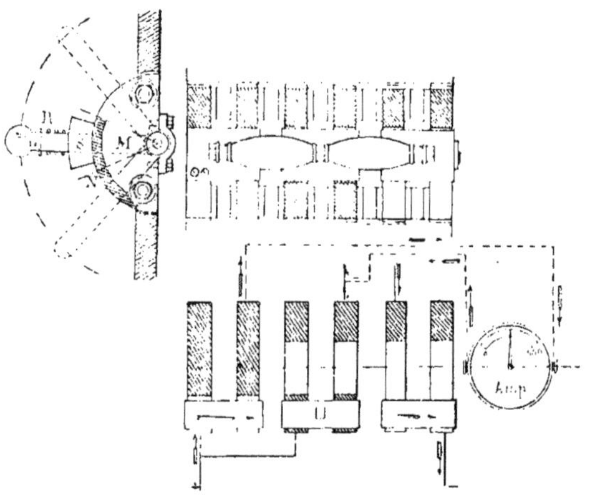

Fig. 5.

deux par deux ; l'adhérence la plus parfaite entre les disques et les sabots est obtenue au moyen de forts ressorts à boudin R. Trois leviers de manœuvre, réunis entre eux par deux poignées, permettent de faire tourner simultanément les sabots autour de l'axe des disques.

Le schéma, fig. 5 montre la marche du courant suivant la position des sabots. Lorsque ceux-ci couvrent toutes les surfaces isolantes (hachurées), le courant ne circule plus. Lorsqu'ils occupent la position intermédiaire, le courant est envoyé directement dans le réseau. Enfin dans la position indiquée sur le schéma, le courant passe dans l'ampèremètre et dans le réseau.

DISTRIBUTION A TROIS FILS

La distribution simple en dérivation devient très coûteuse aussitôt que le réseau de l'usine dépasse une certaine étendue.

Quelques usines qui l'avaient primitivement adopté l'ont maintenant abandonné pour faire usage du système à trois fils d'Edison-Hopkinson.

La fig. 6 représente le schéma de ce système. Deux dynamos sont groupées en tension et des deux bornes extrêmes du groupe ainsi que du fil reliant les deux machines en tension partent trois conducteurs.

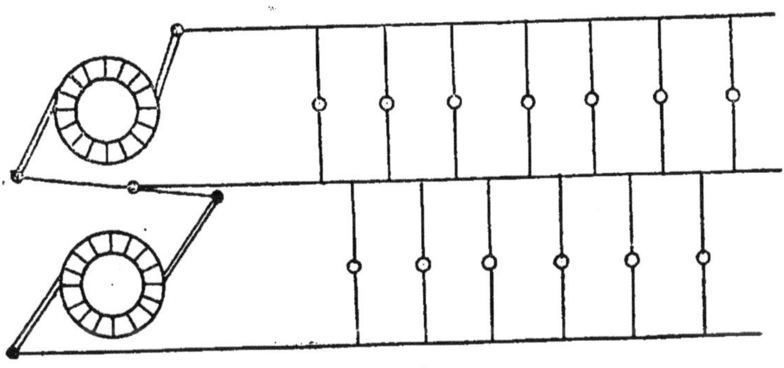

Fig. 6

Celui du milieu agit comme compensateur quand il y a plus de lampes d'un côté que de l'autre. Si l'on suppose qu'il y ait un nombre égal de lampes de même intensité allumées sur les deux circuits, le fil compensateur sera parcouru par deux courants égaux et de sens contraire que l'on considère comme s'annulant. On pourrait donc interrompre le fil compensateur sans qu'aucun changement ne se manifeste dans le régime des courants ; on a en réalité deux machines en tension alimentant des lampes montées par 2 en tension.

Si l'on supprime toutes les lampes sur l'un des côtés de la canalisation, la machine correspondante ne fournira plus de courant et l'autre fonctionnera seule et le fil compensateur sera devenu le fil de retour de cette dernière dynamo.

Si l'on allume un nombre différent de lampes sur les deux côtés de la canalisation, le fil compensateur sera parcouru par un courant égal à la différence des intensités fournies par les deux machines.

Dans quelques distributions d'Amérique, pour obvier à l'inconvénient résultant d'une trop grande dépense sur un circuit et d'une trop faible dépense sur l'autre, on a, au début, fait pénétrer les trois fils chez l'abonné, et celui ci, au moyen d'un commutateur, pouvait passer d'un circuit sur l'autre suivant l'éclat de ses lampes. Mais le plus généralement, on se contente de répartir à peu près également les clients de part et d'autre, et cette précaution élémentaire suffit et permet de donner au fil compensateur une section inférieure à celle des autres, d'habitude on la prend moitié moindre que celle des conducteurs extrêmes.

Les distributions à trois fils peuvent être réalisées :

1° A 150 volts avec deux machines de 75 volts en tension pour l'alimentation de lampes à arc en dérivation et de lampes à incandescence en dérivation à 75 ou 150 volts.

2° A 200 volts avec deux machines de 100 volts en tension pour l'alimentation de lampes à incandescence en dérivation de 100 ou 200 volts et pour l'alimentation de lampes à arc par 2 ou 4 en tension.

3° A 300 volts avec deux machines de 150 volts en tension pour l'alimentation de lampes à incandescence en dérivation de 150 volts et pour l'alimentation de lampes à arc par 3 ou 6 en tension.

4° A 400 volts avec deux machines de 200 volts en tension pour l'alimentation de lampes à incandescence en dérivation de 200 volts et pour l'alimentation de lampes à arc par 4 ou 8 en tension.

Dans la distribution à deux fils, quand la machine fournit une force électromotrice de 110 vols aux balais, on calcule la résistance des fils conducteurs de manière qu'ils n'entraînent qu'une perte de 10 volts et leur résistance est évidemment $r = \frac{E}{I}$. Si nous supposons une intensité de 100 ampères, la résistance $\frac{10\ v}{100\ a} = 0{,}1$ ohm d'où l'on peut déduire la section du fil.

Pour deux machines réunies en tension, le calcul se fait de la même manière. En effet les deux machines réunies donnent 220 volts dont 20 vol s doivent être absorbés par les conducteurs pour rester dans les mêmes proportions que dans le cas précédent. Les lampes étant placées par deux en tension, l'intensité sera de 50 ampères et la résistance des conducteurs devra être de $\frac{20\ v}{50\ a} = 0{,}4$ ohm c'est-dire quatre fois plus grande qu'avec le système à deux fils, ce qui conduit à employer des conducteurs de section quatre fois moindre.

Au lieu d'avoir deux fils pesant chacun 1 comme dans le système en dérivation, on aura deux fils pesant chacun 1/4 et un autre pesant 1/8 et le poids de cuivre à employer pour un réseau de même étendue sera par conséquent 3,2 fois plus petit avec le système à trois fils.

Le système à trois fils convient très bien pour l'éclairage des villes américaines bâties comme un damier et dont les rues sont perpendiculaires entre elles mais son application à l'éclairage des villes d'Europe irrégulièrement bâties est moins avantageux.

Les pertes à la terre qui se produisent dans toute installation électrique peuvent dans le cas de la distribution à trois fils amener quelques ennuis. Les pertes à la terre ne se produisent presque jamais sur la canalisation principale elle-même, mais chez les consommateurs, sur les dérivations alimentant les lampes et surtout par contact des conducteurs avec les appareils à gaz.

Si des pertes viennent à se déclarer sur l'un des fils extérieurs et sur le fil du milieu à la fois, il en résulte des pertes dites à 200 volts et les lampes du circuit brûlent aussitôt. Si des pertes se produisent à la fois sur les deux fils extrêmes, les lampes des deux circuits sont alors compromises. Pour éviter ces fâcheux accidents, on a eu l'idée de mettre le fil intermédiaire en commuuication avec la terre ; dans ces conditions, la différence de potentiels entre la terre et l'un des pôles étant de 100 volts, les accidents sont moins à redouter mais il importe pour qu'il en soit ainsi, d'isoler complètement au moyen d'un raccord isolant convenable toute la canalisation de gaz intérieure de l'abonné, de celle de la rue. Il est en effet préférable d'isoler la conduite principale que d'isoler seulement comme on le fait actuellement chaque support de sa conduite qui reste encore en communication avec la terre. Si cette précaution n'était pas prise il pourrait arriver les plus graves accidents, comme la fusion des tuyaux de gaz, l'échappement du gaz, et par suite incendies ou explosions.

Avec cette installation il n'y plus nécessité de mettre un

fil fusible sur chacun des fils à leur entrée chez les abonnés, un seul fil fusible est nécessaire par suite de la fermeture du circuit par la terre.

Dans les installations de grande importance les deux circuits de la distribution à trois fils pénètrent chez l'abonné. La fig. 7 représente le schéma de cette disposition. Les deux câbles A et B sont rattachés à un interrupteur

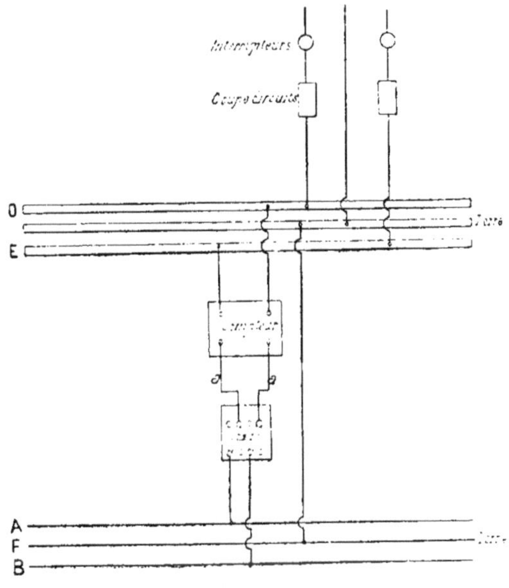

Fig. 7.

bi-polaire *aa* et traversent le compteur avant de venir s'attacher aux barres de distribution D et E du tableau de distribution intérieure. Le fil intermédiaire est réuni directement à la barre de distribution intermédiaire F. Les circuits intérieurs partent de ces barres et sur chacun d'eux sè trouve un coupe-circuit et un interrupteur.

Tableaux de distribution. — Le tableau type, pour distribution à trois fils représenté dans la planche II se divise en deux parties séparées par les barres de distribution qui sont au nombre de cinq.

Au-dessus des barres se trouvent réunis tous les appareils de mesure et de contrôle de la production, ainsi que tous les appareils de mesure, de contrôle, de sécurité et de réglage des circuits d'alimentation du réseau ; au-dessous se trouvent réunis tous les appareils de groupage des dynamos.

Sur les trois barres du milieu, numérotées 1, 2 et 3, sont connectés tous les circuits venant des dynamos, tandis que tous les circuits d'alimentation du réseau prennent leur point de départ sur les barres : extrême du bas, du milieu, qui est commune aux dynamos et aux circuits d'éclairage, extrême du haut.

Les deux barres 1 et 3 sont réunies à celles extrêmes par l'intermédiaire de deux ampèremètres placés au-dessous des barres et aux deux extrémités du tableau. Des interrupteurs à broche I et I' permettent de faire passer directement le courant des barres 1 et 3 aux deux barres extrêmes sans passer par l'ampèremètre.

Les deux ampèremètres permettent de se rendre compte du débit des deux branches 1-2 et 2-3 du trois fils et la différence de débit entre ces deux branches est celle qui circule dans le fil intermédiaire n° 2.

Les barres 1 et 3 du réseau peuvent être groupées en quantité au moyen des interrupteurs à broche I'' et I''' placés aux deux extrémités des barres, afin de permettre la marche à deux fils et 100 volts avec une seule machine ou un seul groupe de machines groupées en quantité pendant les périodes de faible éclairage, dans la journée, par exemple.

Avec la marche à deux fils, on peut également faire passer ou non le courant par les ampèremètres en enlevant ou en introduisant les broches I et I'. Dans ce cas, pour connaître la valeur du courant débité par l'usine, il faut totaliser les indications des deux ampèremètres.

a) *Commutateurs de groupage des dynamos.* — Comme nous l'avons dit plus haut, ces appareils sont tous placés sous les barres de distribution. Nous avons réuni un certain nombre de dispositions susceptibles d'être employées et dont quelques-unes ont reçu la sanction de la pratique.

Groupes n° 1 et 2. — Dans le groupe n° 1, la connexion de chaque dynamo avec les branches 1-2 ou 2-3 du trois fils est effectuée au moyen de deux commutateurs à deux directions et commandés par un même levier et dont les deux touches du premier correspondent aux barres 1 et 2 et les deux touches du second aux barres 2 et 3.

Dans le groupe n° 2, chaque dynamo communique à deux barres verticales placées perpendiculairement sur les barres de distribution et que l'on met en communication avec elles au moyen de fiches. Ces fiches fixées par deux à des pièces en ébonite ou en fibre sont introduites dans les deux trous supérieurs ou dans les trous inférieurs, suivant que l'on veut mettre en communication, la dynamo avec le réseau 1-2 ou 2-3.

Dans les deux groupes 1 et 2, la communication de chaque dynamo soit avec les deux commutateurs à deux directions, soit avec les deux barres verticales est obtenue au moyen de coupes à mercure représentées fig. 8. On effectue la communication d'une coupe avec la voisine en enfonçant dans leur intérieur deux tiges en cuivre *a a* montées sur une traverse en bois et réunies par un fil de sûreté *f*. Un couvercle en fibre percé d'un trou central sert de guide aux tiges et empêche la rupture de contact de s'effectuer entre la coupe et la tige.

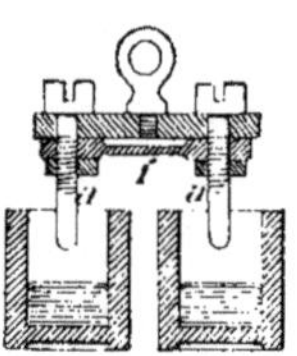

Fig. 8.

Pour mettre une dynamo en circuit la machine 4 par exemple sur la branche 2-3 du réseau, on place les broches *ab*, puis les fourches de contact *cd*, *de*, *fg* et on règle le rhéostat de manière à obtenir en *ab* le voltage voulu. La machine fonctionne ainsi excitée sur elle-même, si l'on veut l'exciter sur le réseau il suffit de placer *cq* et de retirer *cd*.

Pour remplacer la machine 4 en service par la machine 3, on place les fiches *hi*, on excite la machine 3 avec le courant du réseau en plaçant les fourches *ln*, on règle le rhéostat de la machine 3 pour amener cette dernière au même voltage que la machine 4, on groupe alors les machines en quantité en reliant *jk*, *op*, puis, par une manœuvre convenable des rhéostats d'excitation, on fait passer progressivement sur la dynamo de secours toute la charge de la machine à remplacer, qu'on met alors hors circuit en supprimant dans l'ordre suivant *cd* ou *cq* suivant que la machine est excitée sur elle-même ou par le réseau, puis *ed*, *fg*.

Les dynamos du groupe 1 et 2 peuvent être excitées par elles-mêmes ou par deux dérivations prises l'une entre les barres et 1 et 2, l'autre entre celles 2 et 3. Lorsque les machines sont couplées entre les barres 1 et 2, le circuit d'excitation doit être complété en plaçant la fourche *cr*, lorsque la machine est couplée entre 2 et 3, le circuit d'excitation doit être complété en plaçant la fourche *cq*. Cette disposition permet le réglage de la tension entre chacune des deux branches du réseau au moyen de deux rhéostats généraux 1-2 et 2-3 intercalés sur chacune des deux dérivations. Le voltage de chaque dynamo peut aussi être varié par le régulateur de champ magnétique propre à chaque machine.

Cette méthode de réglage de la tension entre chacune des branches du réseau ou aux barres de chaque dynamo est préférable à celle qui consiste à rendre dépendante ou indépendante d'un arbre général au moyen d'encliquetages ou de dispositions mécaniques compliquées, toutes les manettes des régulateurs. Elle tient, en effet, moins de place, est plus simple et plus économique. En outre la valeur relative de chacun des champs magnétiques est invariable, cas qui ne se présente pas avec l'autre disposition. la résistance relative des spires des divers régulateurs pouvant changer légèrement la valeur du champ de chaque dynamo.

A l'allumage, la première machine mise en route est excitée sur elle-même ; une fois en marche normale, on l'excite sur le circuit spécial d'excitation. Toutes les autres dynamos mises en route seront excitées directement sur le circuit d'excitation.

Les commutateurs de groupage des dynamos 5, 6, 7, 8 et 9 du tableau, sont combinés de telle manière que toute inversion dans l'ordre prévu pour les manœuvres est rendue automatiquement impossible, grâce à des dispositions spéciales d'enclenchement des commutateurs.

N'importe quelle dynamo peut servir de rechange sur l'une ou l'autre des deux branches du réseau, sans avoir à craindre de mise en court circuit des dynamos ou leur mise en dérivation sous le voltage des deux conducteurs extrêmes du réseau.

Ces commutateurs permettent en outre d'empêcher : 1° de couper l'excitation d'une machine quand ses bornes communiquent aux barres collectives ; 2° de mettre une dynamo en circuit avant d'avoir fermé son circuit d'excitation.

Groupe n° 3. — Les dynamos sont groupées au réseau au

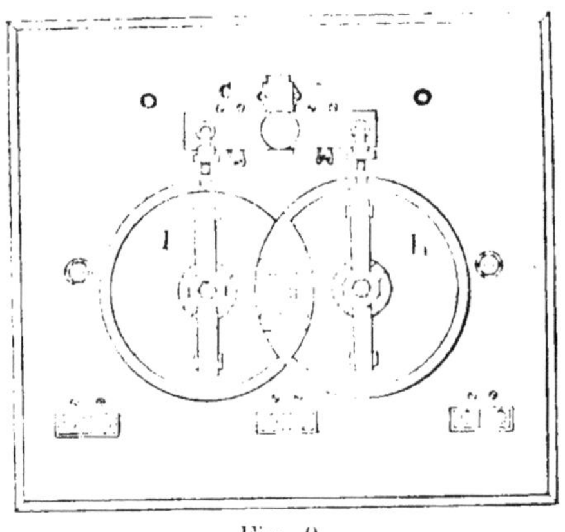

Fig. 9.

moyen de commutateurs circulaires 1 et 2 (voir détail fig. 9). Ces commutateurs sont l'un et l'autre pourvus d'encoches en arc de cercle, destinées à empêcher la manœuvre simultanée de deux commutateurs voisins. Chaque commutateur porte deux contacts *a* et *b* servant à compléter les circuits de la dynamo et du réseau.

En tournant le commutateur de gauche de manière à introduire la dynamo sur le réseau 1-2, il devient impossible de faire tourner le commutateur de droite de la même dynamo, puisque l'encoche du premier lui sert de verrou. Inversement, en tournant le commutateur de droite de manière à introduire la dynamo sur le réseau 2-3, il devient impossible de faire tourner le commutateur de gauche.

En outre de ces organes, il existe d'autres verrous qui empêchent de fermer les commutateurs avant d'avoir excité les champs magnétiques et réciproquement, de couper les champs magnétiques avant d'avoir coupé les circuits extérieurs des dynamos.

Ce type de commutateur est dû à M. Ebel et est en usage à la station centrale de Saint-Etienne.

Groupe n° 4. — Le commutateur de ce groupe, employé à l'usine de la gare de l'Est, est représenté figure 10 il est constitué par un socle en ardoise portant 5 touches de contact et un chariot mobile muni de deux ponts conducteurs P_1 et P_2 isolés l'un de l'autre et qui peuvent relier les deux touches de gauche A et B à deux des trois touches numérotées 1, 2, 3.

Les deux touches de gauche communiquent aux deux bornes de la dynamo ; le pôle positif à la touche du haut et le pôle négatif à celle du bas. Les touches de droite sont reliées : la touche 1 à la barre 1, la touche 2 à la barre 2 intermédiaire et la touche 3 à la barre 3. Quand le chariot est en haut de sa course, le pont inférieur P_1 relie la touche A à la touche 1 et le pont inférieur relie en même temps la touche B à la touche 2 de sorte que la dynamo est reliée au réseau 1-2. Quand le chariot est au bas de sa course, la dynamo est reliée au réseau 2-3.

La mise en excitation de la dynamo avant sa mise en

circuit et la mise hors circuit de la dynamo avant la rupture de l'excitation est obtenue en enclenchant l'interrupteur d'excitation avec le commutateur principal de la dynamo. Pour cela l'appareil est disposé de telle sorte qu'on ne peut l'ouvrir que lorsque le commutateur principal de la machine étant dans sa position moyenne, la dynamo correspondante est hors circuit, et tant qu'il reste ouvert le commutateur est maintenu à sa position moyenne.

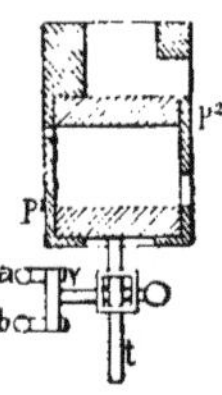

Fig. 10

On voit sur la fig. 10 l'enclenchement à verrou qui remplit le but indiqué ci-dessus. Le chariot du commutateur principal porte, à sa partie inférieure, une tige munie d'une échancrure qui laisse passer, quand il est à sa position moyenne, le verrou qu'il faut tirer pour ouvrir le circuit d'excitation. D'autre part, ce verrou porte une entaille demi-cylindrique, qui ne se présente devant la tige fixée au commutateur principal que quand l'interrupteur d'excitation est complètement fermé, de sorte qu'on ne peut manœuvrer ce commutateur principal, que quand l'interrupteur d'excitation est bien fermé.

L'interrupteur d'excitation est formé par une traverse fixée sur le verrou, qui peut réunir deux ressorts communiquant à deux bornes *a b* où aboutissent les extrémités du fil d'excitation.

Groupe 5. — Ce groupe représente le schéma du tableau de groupement que construit la Cie Edison pour la distribution à 3 fils. Ce tableau de groupement est représenté à part en élévation longitudinale et latérale fig. 11. A la partie supérieure se trouve fixé un commutateur, divisé en 5 secteurs. Les deux secteurs supérieurs sont réunis aux barres 1 et 3 du réseau tandis que le secteur inférieur est relié à la barre C en communication avec le fil intermédiaire. Les deux câbles de chaque dynamo sont reliés aux deux secteurs de côté du commutateur.

La mise en circuit d'une dynamo sur l'un ou l'autre des circuits est effectuée à l'aide d'un levier D, qui porte de

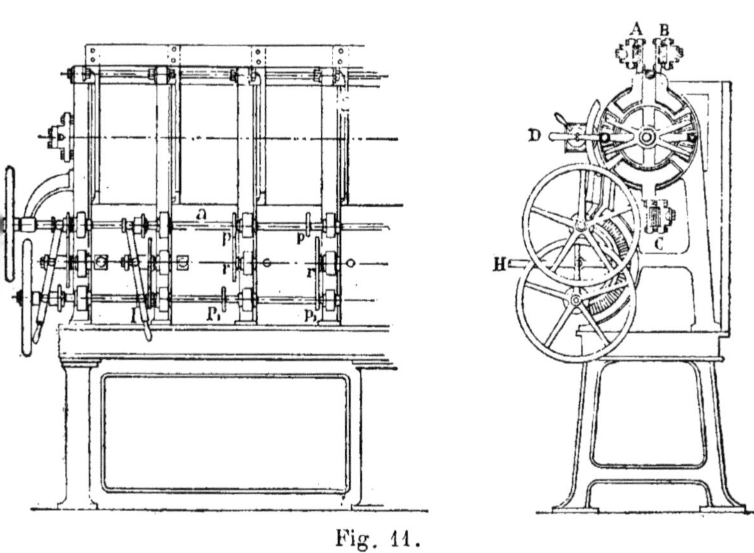

Fig. 11.

chaque côté des contacts isolés l'un de l'autre; ce levier est verrouillé normalement dans une position horizontale. Ce commutateur permet aussi de réunir facilement les deux secteurs supérieurs en communication avec les deux barres extrêmes et de constituer ainsi à volonté soit un circuit à 2 fils 1-3 et 2, soit par circuit à 3 fils, 1, 2 et 3.

Chaque commutateur est monté sur un bâti en fonte supportant également le rhéostat de la dynamo correspondante. Tous ces bâtis forment un ensemble permettant d'avoir à portée de la main les différents organes de régulation et de mise en circuit des dynamos.

1° *Mise en circuit d'une dynamo.* — Le levier du commutateur de la machine est muni à son extrémité d'un quart de cercle à gauche duquel se trouve un disque tangent à ce quart de cercle, et d'une poignée qui, lorsqu'elle est abaissée, établit la communication du circuit d'excitation. Dans cette position seulement, le commutateur de mise en circuit se trouve déclenché. Il suffit alors de lever ou d'abaisser le levier de ce commutateur pour mettre la dynamo sur le réseau 1-2 ou 2-3.

2° *Variation individuelle ou simultanée du champ des dynamos.* — On aperçoit sur la fig. 10 la rangée demi-circulaire de contacts permettant d'intercaler des résistances variables dans le champ magnétique de chaque machine. Le levier de chaque commutateur est actionné à l'aide d'une simple poignée. La manœuvre simultanée de plusieurs de ces leviers se fait à l'aide de roues dentées *rr* au-dessus et au-dessous desquelles se trouvent des pignons p, p, p_1, p_1 montés sur deux arbres horizontaux *aa'* sur lesquels on peut les faire glisser en agissant sur un levier vertical *l* pivotant sur un axe horizontal placé en son centre. Chacune des extrémités de ce levier porte une goupille qui s'engage dans le collier de l'un des pignons supérieurs ou inférieurs suivant que l'on pousse le levier à droite ou à gauche. Lorsqu'il est vertical la roue dentée est libre. En agissant sur les volants placés aux extrémités des arbres horizontaux on peut régler simultanément le champ magnétique des dynamos en service.

Groupe n° 6. — Le commutateur de groupage appliqué à la dynamo n° 9 a été imaginé par nous. Il se compose de 3 bras isolés l'un de l'autre, portant une pièce métallique encastrée à leur extrémité et pouvant donner la communication entre les différentes touches de ce commutateur.

Cet appareil permet par une seule manœuvre de grouper la dynamo soit sur le réseau 1-2 soit sur le réseau 2-3 et d'établir l'excitation avant la mise en quantité de la machine et inversement d'isoler la machine du réseau avant d'avoir coupé son excitation, tandis que dans les autres commutateurs ces manœuvres s'exécutent en deux fois.

Quand les bras sont dans la position 1, la dynamo est groupée sur le réseau 1-2; dans la position 2 la dynamo est, au contraire, groupée sur le réseau 2-3.

Le dessin indique clairement les connexions sans qu'il soit nécessaire de donner d'explications plus détaillées.

Appareils de mesure, de contrôle et de sécurité. — Le tableau comprend en outre :

1° Deux voltmètres indiquant constamment la tension entre les deux branches du 3 fils ;

2° Un voltmètre indiquant constamment la tension totale entre les deux conducteurs extrêmes ;

3° Un voltmètre différentiel servant à la mise en quantité des machines ; à cet effet, un des circuits du voltmètre différentiel est relié aux bornes du circuit où doit se faire le couplage et l'autre circuit du voltmètre est mis en relation avec la dynamo à mettre en circuit. Un commutateur bipolaire à deux directions permet de mettre un des circuits en communication avec l'une ou l'autre des deux branches du réseau. Autant d'interrupteurs à cheville et de boutons de contact qu'il y a de dynamos permettent de mettre en communication l'une quelconque de ces dernières avec l'autre enroulement.

Pour remplir le même but que le voltmètre différentiel on emploie quelquefois aussi un voltmètre à aimant permanent. Il permet de s'assurer que la polarité de la machine à coupler est bien la même que celle du circuit où l'on doit la coupler et que la tension est également bien la même. Le même appareil servant pour les mesures successives, l'influence de l'étalonnage disparaît;

4° Deux ampèremètres qui peuvent être mis en circuit ou non au moyen des interrupteurs et des deux barres de distribution supplémentaires;

5° Deux indicateurs de tension branchés en dérivation sur les barres 1-2 et 2-3 indiquent si les variations de la tension à l'usine dépassent les limites admises.

Quand la tension doit être maintenue constante aux points d'attache des câbles d'alimentation avec le réseau, cas le plus général, deux indicateurs de tension sont nécessaires par feeder et ils doivent être branchés en dérivation entre les 3 fils de retour aboutissant au voltmètre;

6° Un indicateur de terres placé au centre du tableau porte quatre lampes du même nombre de volts que celui de l'une des branches du réseau. Elles sont montées en tension entre les deux conducteurs extrêmes du réseau; elles sont reliées à la terre par leur milieu par l'intermédiaire d'une sonnerie S. Quand l'isolement du réseau est bon, les quatre lampes sont également rouges. Si un conducteur relié à la barre 3 vient accidentellement à être mis en contact avec le sol, les deux lampes reliées à cette barre s'éteignent tandis que l'éclat des deux autres augmente. L'effet inverse se produit si c'est la barre 1 qui est ainsi en communication avec la terre. Dans les deux cas la sonnerie S se met à tinter ;

7° Sur chaque feeder ou circuit d'alimentation sont intercalés deux ampèremètres enregistreurs, 3 plombs fusibles de sûreté et 2 rhéostats pour maintenir le voltage constant aux points d'attache des feeders avec le réseau;

8° Deux voltmètres à grandes divisions pour constater la tension entre les deux branches extrêmes des câbles d'alimentation. Des commutateurs à deux directions indiqués sur le tableau et placés sous ces voltmètres permettent de les mettre en relation avec l'une des deux branches du circuit d'alimentation correspondant ;

9° Deux voltmètres enregistreurs sont branchés sur les deux circuits du 3 fils et permettent de contrôler les variations de tension à l'usine.

Si l'on veut aussi contrôler les variations de tension aux extrémités des feeders, il faut faire emploi de 2 voltmètres enregistreurs branchés entre les 2 branches des 3 fils de retour.

Commutateur spécial pour excitation des machines. — Dans quelques usines on adopte, pour exciter les machines, la différence de potentiel existant entre les deux conducteurs extrêmes. Ce mode d'excitation a l'avantage de donner une grande stabilité au champ magnétique car dans ces conditions, une irrégularité sur une dynamo ou la variation brusque de la charge sur une branche du 3 fils n'influe que sur l'un des termes de la tension totale sous laquelle circule le courant d'excitation. De plus l'excitation de toutes les dynamos partant des mêmes barres, la polarité reste de même sens. Mais cette disposition exige le fonctionnement simultané de deux machines; aussi pour le cas où l'on ne veut faire emploi que d'une seule machine, on doit prévoir un commutateur permettant de passer immédiatement de l'excitation en tension au potentiel des deux conducteurs extrêmes à l'excitation en quantité au potentiel de l'un des deux réseaux, et inversement.

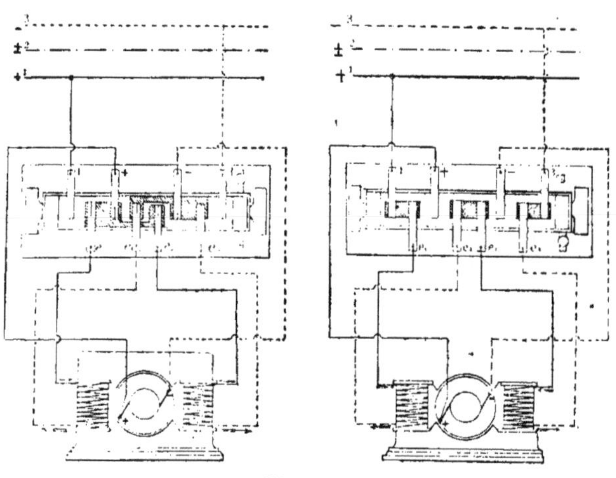

Fig. 12.

Le commutateur représenté fig. 12 et employé à la gare de l'Est se compose d'un socle en ardoise portant 8 lames de contact en cuivre dont les quatre inférieures $e_1 e_2 e_3 e_4$ sont reliées aux extrémités du fil des électros et les autres supérieures 1 et 3 aux barres 1 et 3 du tableau et celles désignées + et — aux 2 bornes de la dynamo. Ces lames de contact frottent sur un cylindre mobile en ébonite portant des pièces métalliques, qui, dans une première position du cylindre, réalise le couplage des électros en tension.

En tournant le cylindre de 180° on réalise le couplage des électros en quantité aux bornes de la dynamo.

DISTRIBUTION A 4 ET 5 FILS.

L'économie dans la canalisation devient de plus en plus grande en employant 4 conducteurs avec 3 machines, 5 conducteurs avec 4 machines. Ce dernier système appelé *système à cinq fils* est composé de deux systèmes à trois fils réunis en tension.

La manœuvre des machines à courants continus et le couplage en quantité ou en tension sont choses aisées et faciles dans une station centrale, mais elles en compliquent l'installation et la surveillance. La multiplicité des conducteurs est aussi un grand inconvénient lorsque l'on a à canaliser des rues dont les trottoirs sont très exigus.

Ce système de distribution exige en outre un groupe spécial de machines pour l'alimentation de chaque feeder. Un seul groupe de machines ne pourrait pas alimenter plusieurs feeders, car il deviendrait impossible de maintenir constante la tension entre les branches de ceux-ci à leurs points de contact avec le réseau, les pertes dans les divers feeders n'étant jamais les mêmes par suite de leurs débits variables. En introduisant ou en retirant des résistances sur les conducteurs extrêmes on fait bien varier le voltage total, mais cette variation n'est due qu'à celle des 2 circuits extrêmes 1 et 4, les autres 2 et 3 conservent leur même tension. Il est également impossible de faire varier la force électromotrice d'un des circuits intérieurs en introduisant ou retirant des résistances sans faire varier celle des deux circuits immédiatement voisins. La seule manière d'obtenir le réglage de la différence de potentiel de chacun des circuits d'un feeder consiste donc à faire emploi pour chacun de ceux-ci d'un groupe spécial de machines et à faire varier le voltage des machines correspondant à chacun des circuits. Les machines d'un même groupe fonctionneront donc à des voltages variables si les circuits ne sont pas également chargés et au même voltage si les circuits sont également chargés.

Il est facile de voir que ce système est peu économique à cause de la nécessité de faire marcher constamment 4 machines dynamos qui ne fonctionnent que très peu de temps à pleine charge. Il est vrai que pendant les moments de faible débit de la station on pourrait grouper en quantité les deux systèmes à 3 fils et ne fonctionner qu'avec deux dynamos et obtenir une marche plus économique et exigeant moins de surveillance.

La distribution à cinq fils a par contre quelques avantages qui permettent de réaliser une certaine économie dans les installations publiques et privées. On peut installer 8 lampes à arc en tension ce qui est très utile pour les éclairages publics et pour certains éclairages particuliers. Il est en outre facile d'installer 20 lampes à incandescence de 20 volts en tension également pour l'éclairage public et pour certains éclairages particuliers comme des rampes de magasin, des lustres, dont les lampes fonctionnent toujours simultanément.

Le système à cinq fils permet aussi d'employer des moteurs de plus haute différence de potentiel. Le voltage de 450 volts est justement celui généralement employé pour la traction électrique.

Tableaux de distribution. — Chaque feeder doit posséder son tableau de distribution spécial. Nous donnons dans la planche nº III un schema de tableau où sont indiqués tous les appareils nécessaires au bon fonctionnement du système. Comme dans tous les tableaux décrits plus haut, les appareils de groupage des dynamos sont placés au-dessous des barres de distribution et les appareils de mesure, de sécurité et de contrôle sont placés au-dessus de ces barres.

Les barres 1 et 3, 2 et 4 peuvent être réunies en quantité au moyen d'interrupteurs à broche placés aux deux extrémités de ces barres et permettre la marche à 3 fils et 2 machines pendant les périodes de faible éclairage.

Le groupement de la dynamo n° 1 sur l'un des réseaux 1-2, 2-3, 3-4 ou 4-5 peut être effectué au moyen de deux commutateurs à quatre directions commandés par un seul levier.

Le groupement des dynamos 2 et 3 peut être effectué en mettant en communication les deux barres verticales reliées à la dynamo avec l'un des 4 réseaux, au moyen de deux fiches fixées sur une barre en matière isolante.

Les deux câbles de la dynamo n° 4 aboutissent à deux barres métalliques sur lesquelles sont fixés 4 godets de mercure. Cinq fils en communication avec les barres de distribution sont reliés à 5 godets à mercure placés entre les deux barres métalliques. Au moyen d'une pièce en matière isolante à laquelle sont fixées deux fourches métalliques, on peut mettre la dynamo en communication avec l'un des quatre réseaux.

Une fois la communication des dynamos établie avec les barres de distribution on ferme le circuit au moyen d'un commutateur C qui produit préalablement l'excitation des machines. On les met hors circuit également au moyen de ce commutateur, et le circuit de chaque machine est rompu avant le circuit d'excitation, de manière à éviter tout renversement du courant du réseau sur les machines.

Chaque dynamo possède aussi son régulateur de champ magnétique et 1 ampèremètre permettant de se rendre compte de son débit.

Au-dessus des barres de distribution sont disposés 4 voltmètres mesurant la tension des 4 circuits au départ de l'usine, 5 ampèremètres disposés sur les 5 fils d'alimentation et permettant de se rendre compte du sens et de l'intensité du courant qui les parcourt ; 5 plombs fusibles ; un voltmètre permettant de constater la force électromotrice totale aux extrémités du feeder et dans l'un quelconque de ses quatre circuits ; un autre voltmètre dont l'une des barres peut être mise en communication avec les barres 1 ou 5 et dont l'autre est en communication avec la terre, permettant de se rendre compte de l'importance des pertes à la terre et de découvrir par la constatation du voltage, les conducteurs qui sont en communication avec elle.

Chaque tableau de feeder ne comprend que quatre machines, mais il est nécessaire d'en prévoir une ou plusieurs de rechange pour toute la station et suivant l'importance de celle-ci. Ces machines de rechange doivent pouvoir remplacer l'une quelconque des dynamos dans l'un quelconque des groupes. Le tableau de distribution que nous représentons ne comporte aucun appareil pour effectuer les communications des machines de rechange avec l'un ou l'autre des feeders, mais il est très facile de les étudier.

DISTRIBUTIONS SPECIALES A 3, 4 ET 5 FILS.

Les systèmes de distribution à conducteurs multiples exigent l'emploi de 2, 3 ou 4 dynamos fonctionnant toujours simultanément et de feeders d'alimentation ayant un nombre de conducteurs en rapport avec le nombre de machines. Diverses combinaisons ont été étudiées pour arriver à alimenter les réseaux à conducteurs multiples au moyen d'un seul groupe de machines électriques réunies en quantité et fournissant le voltage nécessaire entre les deux conducteurs extrêmes. Les feeders ne sont seulement composés que de deux conducteurs, les conducteurs intermédiaires n'existant que dans le réseau de distribution.

Pour maintenir sur les divers circuits du réseau l'égale tension nécessaire on intercale sur chacun d'eux des appareils régulateurs composés de dynamos ou de batteries d'accumulateurs.

Régulateurs dynamos. — Suivant que la distribution se fait à 3,4 ou 5 fils, on fait usage de 2.3 ou 4 dynamos calées sur le même axe, couplées en tension et branchées entre les extrémités des feeders venant de l'usine. Les fils du réseau viennent se brancher à ces dynamos comme dans le cas des réseaux ordinaires à conducteurs multiples. Les inducteurs de ces dynamos sont excités en dérivation.

Les communications étant ainsi établies, si les charges ou les tensions sont égales sur tous les circuits, c'est-à-dire si les fils compensateurs ne sont parcourus par aucun courant, les circuits des dynamos sont traversés par des courants égaux et tournent comme des moteurs électriques développant une force contre-électromotrice sensiblement égale à la tension existant entre les deux balais. Dans ces conditions les circuits absorbent une quantité de courant très minime.

Si l'on éteint des lampes dans l'un des réseaux, la tension correspondante augmente et le courant qui alimentait ces lampes se dérive en partie à travers l'induit groupé sur le même réseau. Ce fait amène une augmentation de la vitesse de l'arbre commun et par suite un accroissement de la force électromotrice des induits voisins qui deviennent générateurs et envoient un courant supplémentaire dans les lampes des mêmes réseaux, ce qui relève le voltage aux bornes de celles-ci.

On peut simplifier ces régulateurs dynamos en construisant des induits à double enroulement dont chacun correspond à un circuit distinct et tournant dans un inducteur unique ce qui diminue la dépense de l'excitation et le prix de ces appareils.

Pour le système à 3 fils il faut une de ces dynamos ;pour le système à 5 fils deux sont nécessaires.

Ce mode de régulation entraîne une dépense très faible d'énergie, celle absorbée par l'un des induits étant restituée en grande partie par les autres induits.

Ces appareils régulateurs doivent être installés en ville dans des locaux spéciaux et demandent une certaine surveillance, réglage des balais, graissage des paliers, entretien du collecteur, etc.

Régulateurs accumulateurs.—Au lieu d'employer des dynamos à la régularisation des différences de charge qui se produisent sur les divers circuits du réseau, on peut faire usage de batteries d'accumulateurs, qui se chargent lorsque les circuits ne travaillent pas et se déchargent si les circuits sont au contraire trop chargés.

Les accumulateurs ont l'inconvénient d'être encombrants, d'être plus coûteux que les régulateurs dynamos, d'être d'un rendement moins grand, et de demander un entretien plus dispendieux. Par contre ils ont l'avantage d'assurer une sécurité plus grande au service, étant moins sujets aux dérangements que les régulateurs dynamos et pouvant pendant un certain temps suffire à l'éclairage dans le cas d'accident aux machines de la station centrale si l'on a choisi des éléments de capacité suffisante.

Afin de diminuer les dimensions des appareils régulateurs, dynamos ou accumulateurs, il est nécessaire que le nombre de lampes en fonctionnement sur les réseaux diffère aussi peu que possible. Pour obtenir ce résultat on fait pénétrer chez les abonnés, 2. 3, 4 ou 5 fils, suivant l'importance de l'installation, et sur chacun des circuits, on groupe autant que possible les lampes de manière que chacun d'eux en ait toujours le même nombre en service. Les compteurs employés avec ce système de distribution, sont d'une construction spéciale, la bobine de l'ampèremètre est composée de une, deux, trois ou quatre sections parcourues par les courants des circuits correspondants, de telle manière que le compteur indique la quantité totale en ampères d'électricité dépensée à la tension de 110 volts dans les circuits alimentant l'abonné.

Tableaux de distribution.—A la station centrale, les dynamos étant toutes associées en quantité, le tableau de distribution est le même que dans la distribution en dérivation simple à deux fils. Il faut toutefois ajouter un disjoncteur automatique sur chaque feeder pour éviter qu'un courant ne puisse revenir des postes régulateurs à l'usine, dans le cas où les machines ralentiraient leur marche pour une cause quelconque.

Dans les sous-stations il est nécessaire de disposer quelques appareils de mesure et de contrôle pour s'assurer du bon fonctionnement du système.

Les deux tableaux de postes de régulateurs représentés dans la planche n° IV comportent les appareils suivants :

1° Deux plombs fusibles et interrupteurs à l'arrivée du feeder ;

2° Un ampèremètre pour contrôler le débit du feeder.

3° Un voltmètre pour vérifier la force électro-motrice à l'arrivée du feeder.

4° Un voltmètre enregistreur pour contrôler les variations de force-électro-motrice à l'arrivée du feeder.

5° 4 voltmètres branchés sur les quatre réseaux.

6° 5 ampèremètres sur les 5 conducteurs.

7° 5 plombs fusibles et interrupteurs sur les 5 conducteurs.

8° Un indicateur de terres avertissant des contacts qui se produisent entre les 5 conducteurs et la terre.

Le tableau des régulateurs accumulateurs comporte en outre 4 réducteurs pour varier le nombre d'accumulateurs dans les circuits.

DISTRIBUTION A 6 FILS PAR COURANTS ALTERNATIFS

Le système de distribution dont la figure 13 représente le schéma est désigné par la Compagnie Thomson Houston qui en fait usage sous le nom de *système compensateur*.

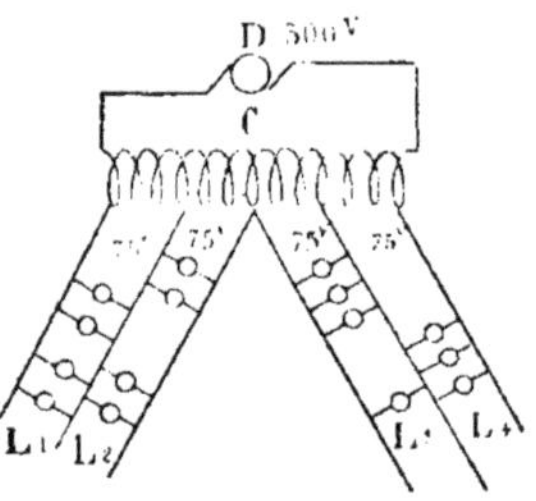

Fig. 13.

Le compensateur n'est pas un transformateur, c'est une disposition particulière de bobines qui régularise l'intensité du courant en suivant toutes les variations de charge de la dynamo génératrice.

Le compensateur est constitué par une bobine C, renfermée dans une enveloppe en fer comme un transformateur ; les extrémités de cette bobine sont reliées respectivement aux deux conducteurs principaux venant de la dynamo D. Du compensateur partent six fils : les deux extrêmes sont reliés aux extrémités de la bobine C et par conséquent aux deux conducteurs venant de la dynamo D ; les deux du milieu sont reliés ensemble au centre de la bobine C et enfin les deux intermédiaires sont en communication respectivement avec le milieu de chacune des deux moitiés de la bobine C, comme on le voit sur la figure 13. Cet ensemble constitue deux systèmes de distribution à trois fils L, L_2 L_3 L_4 qui alimentent chacune des lampes de 75 volts, les dynamos fournissant 300 volts.

Ces appareils compensateurs se placent dans chaque centre de distribution, et, lorsqu'il y en a plusieurs, on les monte en dérivation sur les conducteurs principaux. Tous les conducteurs aboutissant à cet appareil sont munis de plombs fusibles de sûreté.

EMPLOI DES ACCUMULATEURS DANS LES STATIONS CENTRALES

Dans les questions d'éclairage, il est établi que les besoins du public n'atteignent leur maximum que pendant 1 h. 1/2 ou 2 heures sur 24, et que pendant le reste du temps, ce besoin s'abaisse à 80-60-40-20-10 et 5 % de ce maximum.

Dans le cas d'éclairage direct par machines, celles-ci doivent être prêtes jour et nuit pour les besoins de l'éclairage qui sont extrêmement variables. Il en résulte, si l'on ne veut pas être pris au dépourvu, que l'on sera obligé de tenir constamment la machine sous pression, même lorsqu'elle n'alimentera que le dixième de l'éclairage total, et il s'ensuivra que le rendement de l'éclairage direct descendra à ce moment à un chiffre relativement très bas.

En raison de cette consommation très variable, l'emploi des accumulateurs dans les stations centrales à courants continus présente un certain nombre d'avantages. Les accumulateurs peuvent non seulement remplir le même but que les gazomètres, c'est-à-dire emmagasiner de l'énergie électrique qui peut être utilisée à tout instant, même lorsque les machines ne fonctionnent pas, mais ils peuvent également en raison même de leur élasticité et de l'intensité de débit qu'on peut leur demander à un moment donné, assurer le fonctionnement intégral du service, même en cas d'avarie survenue à tout ou partie de l'installation mécanique.

L'emploi d'accumulateurs ayant un rendement de 70 % a en outre l'avantage de permettre de réduire au tiers la puissance productrice des machines à la condition de les faire fonctionner pendant 24 heures. Le jour, l'énergie est emmagasinée dans les accumulateurs, et le soir, au moment du plein allumage, les accumulateurs et les machines travaillent en quantité sur les circuits. Le débit des accumulateurs doit être calculé pour être normal dans ces conditions ; s'il arrive un accident aux machines, les accumulateurs seuls doivent continuer leur débit qui doit alors être double.

Les installations mixtes de machines et d'accumulateurs

permettent de faire travailler les machines constamment à pleine charge en même temps que les accumulateurs, et, d'autre part, de faire travailler les accumulateurs seuls au moment du faible allumage. Or, comme le rendement des machines est maxima à charge normale et que les accumulateurs ont au contraire un rendement plus avantageux que les machines pour une faible charge, par l'action combinée des machines et des accumulateurs, on se trouve dans les conditions les plus économiques. Il faut ajouter en outre que les accumulateurs dispensent d'avoir des machines de réserve et assurent d'une manière plus certaine la continuité et la régularité de l'éclairage malgré les variations de vitesse que les machines peuvent subir. Ces considérations sont importantes au point de vue de l'économie et de la sécurité, et si l'emploi des accumulateurs dans les stations centrales ne s'est pas étendue, c'est à cause de la dépense considérable de capital nécessaire à leur acquisition, ainsi que de leur détérioration très rapide. Mais, depuis quelque temps, grâce aux perfectionnements apportés dans leur fabrication, ils sont devenus plus robustes, plus solides et non seulement peuvent fournir un service régulier et sûr, mais ne demandent plus que des soins d'entretien relativement modérés. Actuellement des Compagnies importantes prennent à leur charge l'entretien des batteries qu'elles garantissent pendant une période de dix ans, au taux de 5 à 15 °/₀ suivant leur importance et les conditions dans lesquelles elles doivent fonctionner.

Dans les installations mixtes, machines et accumulateurs, comme les moteurs fonctionnent toujours à pleine charge, il est préférable de les choisir à marche relativement lente et non forcée, car ce sont ceux qui donnent le meilleur résultat relativement à la rareté des réparations, ainsi qu'à la faible consommation de combustible. On emploiera généralement deux moteurs dont la force sera telle qu'en cas de besoin un des moteurs en pleine marche puisse assurer le service.

Certaines usines se servent des accumulateurs pour régler la tension aux points de jonction des feeders avec le réseau de distribution en intercalant à leur point de départ un nombre variable d'éléments.

Tableaux de distribution. — Nous avons représenté dans la planche n° V un tableau pour distribution en dérivation avec emploi d'accumulateurs comme réservoirs et régulateurs de courant. Ce tableau comporte 8 barres de distribution dont 7 négatives et 1 positive placée au-dessus de ces dernières.

Le fil positif de chaque dynamo est relié à la barre positive après avoir passé par un ampèremètre, un disjoncteur automatique et un interrupteur. Le fil négatif est relié directement aux barres placées verticalement sur les 7 barres négatives et ces barres verticales peuvent être mises en communication avec l'une quelconque des barres horizontales ou négatives au moyen d'une pièce mobile isolée et portant deux pièces de cuivre rectangulaires reliées entre elles par une résistance R destinée à éviter la mise en court-circuit des accumulateurs correspondant entre les barres négatives. La pièce mobile est déplacée par une vis sans fin munie à son extrémité d'un volant. Cet appareil, appelé *commutateur de réduction*, permet de charger avec la dynamo correspondante un nombre variable d'éléments.

A droite du tableau se trouvent représentées les batteries d'accumulateurs et les départs des feeders d'alimentation du réseau, avec leurs appareils de réglage et de contrôle.

En passant de la partie gauche du tableau à la partie droite, la barre positive est interrompue et aboutit à un ampèremètre indiquant l'intensité totale fournie par les machines.

A l'extrémité de cette barre se trouve encore intercalé un ampèremètre en communication d'autre part avec l'extrémité positive des accumulateurs. Cet ampèremètre permet de se rendre compte de l'intensité de charge ou de décharge des accumulateurs.

Les 7 barres négatives communiquent avec les derniers éléments des batteries. Ces éléments sont intercalés en nombre croissant jusqu'à l'extrémité de la batterie. entre ces barres négatives.

Chaque feeder possède aussi un commutateur de réduction qui permet. par l'intercalation d'un nombre variable d'éléments, de maintenir constante la force électromotrice aux extrémités de chacun d'eux.

De la barre positive partent tous les fils positifs des feeders qui traversent ensuite avant de sortir de la station, un ampèremètre et un coupe-circuit avec commutateur à broche.

Un voltmètre et une lampe-témoin servent à contrôler le voltage aux extrémités des feeders, desquels reviennent deux fils-pilotes figurés sur le plan.

Nous n'avons pas indiqué tous les appareils de contrôle et de sécurité ordinairement employés dans les distributions en dérivation, il suffira de se reporter à la planche I qui comporte pour ce genre de distribution tous les appareils généralement employés.

CHAPITRE II

DISTRIBUTIONS A HAUTE TENSION

Lorsqu'il s'agit d'éclairer de grandes villes le rayon d'action des stations centrales à basse et moyenne tension devient beaucoup trop petit et on se voit forcé, en raison du prix énorme que coûterait la canalisation de renoncer à établir une station centrale unique.

On est alors amené à ne desservir de courant qu'un quartier d'un rayon maximum de 500 mètres environ, tout au plus deux d'un seul point, et l'on est obligé pour donner aux conducteurs le moins de longueur et de diamètre possible, de choisir ce point au cœur même du quartier ou entre deux quartiers qui se touchent. A de rares exceptions, les circonstances permettent d'installer la station centrale en dehors de la ville ou d'un quartier situé sur la périphérie de la ville; pour les quartiers centraux la chose devient complètement impossible.

De cette manière de faire résulte de grands désavantages.

Il est tout d'abord fort difficile de trouver un terrain ou bâtiment convenable dans l'intérieur d'une ville très peuplée. L'eût-on enfin trouvé et acheté à un prix exorbitant pour y édifier la station centrale, qu'on verrait naître, dès l'exploitation, les réclamations réitérées des voisins au sujet du bruit, de la fumée et des trépidations qui en sont la suite inévitable et qui sont non seulement désagréables mais contraires à la santé, la sécurité et la tranquillité publiques.

Une situation pareille pour une station centrale est désavantageuse non seulement pour la ville et ses habitants, mais elle l'est aussi pour l'entreprise elle-même, dont elle diminue sensiblement la productivité.

Le prix du terrain à part le coût de la construction elle-même est plus élevé à l'intérieur de la ville qu'en dehors. Ici, étant donnés les bas prix des terrains et leur situation généralement isolée, on peut s'étendre à volonté en superficie et obtenir toutes commodités pour installer, surveiller, entretenir et réparer le matériel de production ; tandis qu'à l'intérieur de la ville il faut se rattrapper sur l'exiguité de l'emplacement, en adoptant des dispositions mécaniques occupant le minimum de place et en construisant l'usine en étages, ce qui à contenance égale de la construction, revient plus cher. En outre, ces dispositions compliquent les manutentions diverses et nuisent à la surveillance générale.

Les fondations pour les machines, la cheminée, la façade, etc., tout est plus cher à établir à l'intérieur qu'à l'extérieur de la ville, en un mot l'annuité d'amortissement afférente à la construction, à l'installation et aux accessoires de l'usine électrique devient beaucoup plus forte si l'on établit la station centrale à l'intérieur de la ville au lieu de l'établir au dehors.

Les appareils compliqués et souvent imposés, pour absorber la fumée, augmentent aussi beaucoup les dépenses, de même que la condensation exigée pour empêcher les nuages de vapeur qui gênent le voisinage.

Si l'usine n'est pas justement située près d'un cours d'eau, l'eau nécessaire à cette condensation ne peut être approvisionnée qu'à grands frais et avec beaucoup de dérangements soit en creusant des puits très coûteux forés jusque dans la couche aquifère soit en prenant un branchement important sur la conduite de la ville.

Si l'on considère en outre qu'en dehors de la ville les provisions de combustible et d'eau se font à bien meilleur compte, on donnera le plus souvent la préférence à un système de distribution permettant d'avoir, au lieu de plusieurs stations, centrales au milieu de la ville — autant de sous-stations autant de répétitions des inconvénients signalés — une seule station qui sera établie en dehors de la ville à grande distance de celle-ci, sur un terrain à bon marché et dans une situation convenable, près d'une voie ferrée ou d'un cours d'eau navigable.

La construction d'une seule et unique usine pour l'alimentation de l'éclairage total d'une ville permet en outre d'adopter des unités productrices de grande puissance, occupant un emplacement très réduit, fonctionnant dans des conditions plus économiques et enfin exigeant un personnel de chauffeurs, mécaniciens et électriciens bien moins nombreux. L'adoption de ces grandes unités productrices permet de diminuer dans des proportions considérables le prix de revient du courant électrique par suite de la diminution des dépenses afférentes au personnel d'exploitation et à l'amortissement du capital engagé pour l'installation des usines et des canalisations, ces dépenses influant beaucoup, sur le prix de revient.

Seuls, les systèmes de distribution à courant de haute tension, et particulièrement à courant alternatif à cause de leur rendement supérieur, de la simplicité des appareils de transformation et de la facilité d'atteindre les plus hautes tensions, permettent de satisfaire aux conditions ci-dessus énumérées.

Ils permettent de réduire considérablement la section des conducteurs et par suite d'installer des canalisations très économiques ; ils offrent de plus cet avantage de réduire dans une large mesure les pertes de charge. Cet avantage se traduit d'une part par un plus grand rendement et d'autre part par une régularité plus grande de la lumière.

COURANTS DE HAUTE TENSION

M. Frank Géraldy a donné des renseignements très intéressants et très complets sur les difficultés résultant de l'emploi des courants de haute tension. Nous ne saurions mieux faire que de résumer son opinion :

Suivant que la puissance électrique à utiliser se présente sous la forme de courants de très basse tension et d'énorme intensité ou de courants de très haute tension et de faible intensité, les difficultés ne sont pas les mêmes.

Les premiers courants sont jusqu'ici d'un emploi très rare ; il n'y a guère que la soudure électrique qui en fasse usage. La difficulté à laquelle ils donnent lieu réside surtout dans la nécessité de supprimer toute résistance, d'offrir des contacts extrêmement grands et très parfaits. Il semble qu'elle doive être assez aisément surmontée.

Il n'est pas impossible, au reste, que nous voyions bientôt cette question pratique se poser, ce sera le cas si l'on entre largement dans la voie de la métallurgie électrique, application qui peut grandir beaucoup dans un avenir prochain.

On est en face de difficultés d'un autre ordre, bien plus grandes quand il s'agit de courant à haute tension. Une remarque met en lumière la différence. Le défaut avec les courants de basse tension aurait pour résultat d'empêcher le courant de passer, d'annuler l'opération ; le défaut avec les courants de haute tension a presque toujours pour résultat non seulement une opération manquée, mais encore un accident ; un circuit brûlé, une machine hors de service, etc. »

La rapidité des mouvements électriques devient ici un surcroît de danger. Les courants de haute tension, lorsque tout est normal, donnent des marches très régulières et très belles, plus calmes peut-être en apparence que les courants de plus basse tension et plus grande quantité. Mais tout le monde sait qu'une marche absolument et strictement normale ne peut être maintenue en pratique ; pour une cause ou pour une autre de petits écarts se produisent. Ce balancement est sans inconvénient avec les courants ordinaires, et si l'écart s'exagère jusqu'à devenir menaçant, on a presque toujours le temps de porter remède au défaut. Avec les courants de haute tension il faut agir avec une extrême rapidité, car s'il y a déviation de la marche et tendance dangereuse, bien souvent l'accident est produit si la moindre hésitation a retardé la manœuvre et empêché d'agir à temps.

Les difficultés qui résultent de l'emploi des courants de haute tension sont de deux ordres principaux : difficultés d'isolation, difficultés d'interruption et de réglage.

On est aisément frappé des difficultés d'isolation, et il n'est pas besoin d'étude pour voir qu'elles doivent exister ; mais elles sont plus grandes qu'il ne semble au premier abord. Si une machine dynamo engendre le courant sous un potentiel de 1000 volts ce n'est pas seulement à cette tension qu'il faut résister. Nous avons dit que la marche strictement normale ne se maintient jamais, il y a des écarts; chacun d'eux engendre dans la distribution intérieure du potentiel des variations qui, généralement peu sensibles au dehors, peuvent être très grandes. Elles tiennent surtout à la self-induction. Il en résulte que les isolants ont à résister à des tensions supérieures à la tension normale de fonctionnement. S'il y a accident véritable, ces tensions peuvent s'exagérer énormément; dans le cas, par exemple, de la rupture brusque du circuit, évènement toujours mauvais pour les machines quelles qu'elles soient, ces tensions montent à des valeurs qu'on ne peut mesurer et auxquelles dans les machines de haute tension les isolants ne résistent presque jamais.

Ce que nous venons de dire s'applique à tous les ordres de courants, continus ou alternatifs; toutefois les indications qui vont suivre, bien que générales, s'appliquent plus spécialement aux courants continus. Pour surmonter les difficultés qu'on a indiquées, un soin tout spécial est nécessaire dans le choix des isolants et dans leur disposition.

On peut dire d'une manière générale qu'il faut d'abord assurer d'une manière absolue la sécheresse des matières employées, aucun soin n'est de trop à cet égard; les moindres traces d'eau peuvent donner de gros ennuis. Ils faut ensuite tenir compte de la propriété qu'ont la plupart des corps de voir la conductibilité augmenter quand la température s'élève; certains isolants présentent cette particularité d'une façon très marquée, et comme les machines s'échauffent toujours en marchant, ils peuvent amener des mécomptes. Enfin il faut en certains points des machines se méfier des isolants combustibles. L'ébonite, par exemple, isolant excellent d'ailleurs, si une étincelle innocente passe à sa surface, en conserve quelquefois la trace sous la forme d'une ligne charbonneuse imperceptible, mais dont la conductibilité est néanmoins sensible : sous l'influence du passage continu d'un petit courant, ce trajet s'accentue, s'élargit, et au bout de quelque temps on est étonné de trouver en bonne communication des pièces quelquefois très distantes l'une de l'autre.

Pour la disposition, une remarque générale importante est qu'il faut obtenir une continuité complète dans les couches isolantes ; les joints, fissures, petits trous sont dangereux ; est-ce par l'amas de poussières conductrices qui viennent s'y loger, est-ce pour d'autres causes ? cela serait difficile à dire, mais il est certain qu'ils appellent les courants et les étincelles : ils sont le point d'élection des accidents ; il faut donc les éviter tout-à-fait et former les isolants de pièces continues ou amenées à former une masse unique.

On essaie quelquefois d'augmenter la sécurité entre deux points où le potentiel est très différent en augmentant le nombre des cloisons isolantes. Le résultat cherché n'est obtenu qu'à la condition qu'on ne diminue pas, dans cette multiplication, la valeur isolante de chacune d'elles.

On entend, par exemple, dire assez souvent qu'il est plus aisé de produire les courants de haute tension à l'aide de plusieurs machines mises en série qu'au moyen d'une seule, parce que la première disposition fractionne la difficulté et multiplie les obstacles. C'est probablement une illusion : l'usage des machines en série peut être indiqué par d'autres motifs, mais non par celui-là. En voici l'explication et le motif présumés.

Considérons un anneau Gramme G (fig. 14). On a eu soin d'envelopper soigneusement son noyau de fer d'une couche isolante. Entre les points extrêmes de l'enroulement A et B la différence de potentiel serait normalement,

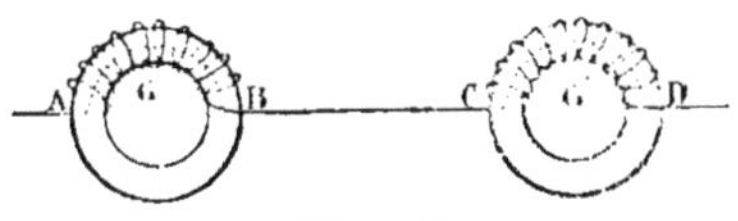

Fig. 14.

suppose-t-on, de 1.000 volts ; mais il faut parer aux accidents, on a prévu qu'elle pourrait s'élever à 10.000 et la couche isolante a été faite en conséquence capable de résister partout à une différence de potentiel de 10.000 volts. On est donc en sécurité et le courant ne pourra percer cette couche en deux endroits, ce qu'il devrait faire pour se frayer à travers le fer du noyau un chemin en court-circuit de A en B.

Mettons actuellement un second anneau semblable en G′ en série avec le premier. La différence de potentiel normale entre les points extrêmes du circuit composé A et D est de 2.000 volts, le potentiel dangereux sera de 20.000. On peut se croire à l'abri puisque les quatre cloisons A, B, C et D peuvent ensemble soutenir 40.000 volts. On y serait en effet si l'on pouvait être assuré que le potentiel se répartira entre les quatre points comme le fait le potentiel normal, mais rien n'est moins certain. Il s'agit ici de phénomènes très brusques, violents ; il est parfaitement possible qu'à un moment il y ait 20.000 volts entre le point A du circuit et le noyau de fer ; alors la cloison A sera percée, après la cloison B, ainsi de suite jusqu'au bout, et le courant passera en court-circuit à travers le fer des deux noyaux. C'est, sous une autre forme, l'expérience classique du carreau fulminant.

On sait que cet appareil est un carreau isolant sur lequel sont collés en chaîne une série de losanges conducteurs, tous séparés les uns des autres par de petits espaces ; si l'on met les deux bouts de la chaîne en contact avec les pôles d'une machine statique l'étincelle parcourt toute la série et semble jaillir à la fois entre tous les losanges. Il est certain que si l'on ajoutait tous les espaces isolants qui séparent ceux-ci on obtiendrait un obstacle que l'étincelle ne pourrait franchir, mais une somme d'isolants séparés par des parties conductrices n'équivaut pas à une seule masse isolante et l'obstacle subdivisé devient franchissable.

Ceux (ils ne sont pas nombreux, cela est vrai) qui ont manié les machines en série savent ces faits ; on ne dit pas toujours les difficultés rencontrées dans la préparation d'une expérience.

En réalité, il faut pour la sécurité que chacune des cloisons isolantes soit capable de résister à toute la tension dangereuse prévue. Dès lors il n'y a pas intérêt pour une puissance donnée à multiplier les machines, puisqu'on réduit ainsi les espaces disponibles et qu'on peut être amené à amincir des isolants, à rapprocher des pièces à potentiel différent. La disposition en machines ou en anneaux séparés peut être indiquée par divers motifs ; par elle-même elle ne profite pas à la sécurité.

Les difficultés relatives au réglage et à l'interruption des courants de haute tension ne sont pas moins sérieuses que celles qui tiennent à l'isolation.

Nous avons dit que la coupure brusque d'un courant fait naître des effets de self-induction et engendre des surélévations de potentiel éminemment dangereuses pour les machines. Une telle manœuvre doit donc être absolument proscrite. Mais nous ajouterons qu'elle est à peu près irréalisable, et d'ailleurs dangereuse.

Lorsqu'on sépare deux portions de conducteurs à ces hauts potentiels, si on ne réussit pas à mettre très rapidement entre les parties que l'on éloigne l'une de l'autre une grande distance, il se forme à leur disjonction un arc voltaïque qui s'allonge à mesure qu'on s'écarte, et qui peut atteindre des longueurs très grandes, 20 à 30 centimètres, par exemple. Le phénomène est alors très effrayant d'aspect et d'ailleurs très destructeur : cet arc excessivement long met le feu à tout ce qui l'avoisine ; en même temps il maintient le circuit fermé, et quelquefois il le ferme dans de mauvaises conditions.

De pareils arcs se produisent très souvent lorsqu'on essaie de faire usage de commutateurs où la pièce mobile frotte sur une plaque isolante ; il se forme alors des traînées de matières conductrices qui facilitent le passage du courant.

S'il s'agit avec un tel appareil de faire passer le courant d'un circuit sur un autre, il peut arriver que l'arc se forme entre les deux circuits et les réunisse sans résistance, en sorte qu'une machine en marche peut se trouver inopinément fermée sur elle-même, mise en court-circuit et brûlée avant qu'on puisse parvenir à éteindre l'arc ainsi formé.

En réalité, on ne doit pas et on ne peut pas rompre les courants de haute tension lorsqu'ils ont une intensité notable ; il faut absolument annuler graduellement cette intensité ou au moins la réduire à une valeur très faible avant d'ouvrir le circuit.

Dans certaines installations de transport de force à l'aide des courants de haute tension, cette difficulté est évitée ou plutôt ne se présente pas en raison de la simplicité même de la combinaison. En effet, si le système ne comprend qu'une génératrice et une réceptrice, l'arrêt pourra toujours être produit en cessant de faire marcher la génératrice, ce qui supprime le courant et rend l'ouverture du circuit possible.

Ce n'est pas à vrai dire une solution du problème, mais il ne se pose pas dans ce cas. Néanmoins, il pourrait y avoir difficulté si un accident survenait ; la difficulté sera assez médiocre si l'accident apparaît du côté de la génératrice, puisque son arrêt la supprimera ; mais encore faut-il que cet arrêt puisse être promptement obtenu, ce qui n'a pas toujours lieu, surtout s'il s'agit d'appareils puissants et conduits par des moteurs à grande inertie comme une grosse turbine. D'autre part on pourrait se trouver fort embarrassé si l'accident se produisait à la réceptrice, le temps nécessaire pour transmettre le signal d'arrêt au poste générateur et le faire exécuter étant généralement plus que suffisant pour que le dégât soit produit.

Il est vrai que les accidents à la réceptrice sont beaucoup plus rares qu'à la génératrice ; en définitive, les installations ainsi disposées se comportent convenablement.

La difficulté est ainsi évitée mais non résolue. Il n'était pas possible de s'en tenir là pour une installation aussi complète que celle que désirait exécuter la Société de la transmission de la force. Dès l'époque où M. Marcel Deprez entreprit les expériences de Creil, il reconnut la nécessité d'avoir en main le moyen d'interrompre le circuit sans recourir à un arrêt général nécessairement lent à obtenir à de très grandes distances et avec de puissantes machines en marche.

Mais il savait bien qu'il était nécessaire, comme nous

l'avons dit, d'annuler le courant ou au moins de le réduire progressivement à une valeur très faible avant d'essayer l'ouverture du circuit. De plus, l'organe destiné à obtenir cette réduction devait être placé à la station réceptrice et pouvoir être commandé par elle sans avoir besoin du concours de la station génératrice.

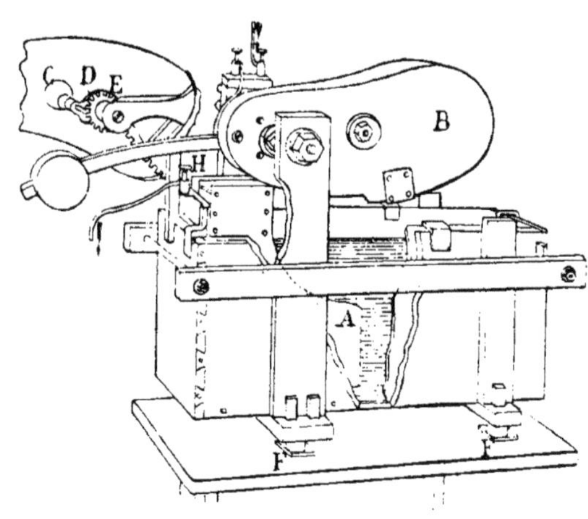

Fig 15.

Pour arriver à établir un engin assez robuste pour être employé industriellement, c'est-à-dire traité avec assez peu de précaution, on fit un grand nombre d'études et d'essais. On pensa d'abord à des combinaisons purement électriques, mais on reconnut vite qu'il était impossible d'arriver à un résultat véritablement pratique, on pensa alors à l'emploi d'un rhéostat convenable intercalé dans le circuit.

On construisit d'abord un rhéostat métallique, mais cet appareil était d'un prix élevé, occupait un emplacement très grand et de plus malgré le soin avec lequel il avait été construit il ne fut pas exempt de défauts. Il était impossible de produire des variations brusques sans donner lieu à des inconvénients divers : accélération de potentiel dans le système, étincelles et arcs voltaïques au point où s'opérait le changement, dégagements de flammes accompagnés de bruits inquiétants.

En raison de ces nombreux inconvénients on dut l'abandonner et rechercher un autre appareil plus industriel. On entreprit des essais pour la réalisation d'un réhostat liquide et, après l'étude de plusieurs types de ces rhéostats on s'arrêta à celui montré dans la fig. 15.

Une auge rectangulaire en bois doublée d'un revêtement intérieur en gutta-percha afin d'éviter toute perte et par suite tout défaut d'isolation, est remplie d'eau.

Une électrode A composée de 3 feuilles de tôle reliées et disposées parallèlement est plongée continuellement dans le liquide. Une autre électrode B composée de deux feuilles parallèles également en tôle est mobile autour d'un axe auquel aboutit un des conducteurs, l'autre conducteur étant relié à l'électrode A.

Lorsque l'électrode B est descendue à fond, une lamelle de cuivre qui y est fixée vient toucher une lame de cuivre formant ressort qui est fixée à l'électrode A. Il y a alors contact métallique, le courant ne passe plus à travers le liquide et celui-ci n'a pas besoin d'être soumis à un renouvellement continu.

L'électrode mobile B est montée directement sur son axe de rotation, qui est naturellement isolé avec soin. Elle porte un contre-poids plus lourd que l'électrode et qui tend toujours à la soulever, en sorte que si le rhéostat n'est pas maintenu en place, il s'ouvre de lui-même.

Il résulte de son adoption qu'il faut un certain effort

pour mouvoir le rhéostat ; afin d'éviter la fatigue dans cette manœuvre, on l'opère au moyen d'un engrenage. L'axe de l'électrode mobile porte un secteur denté G en prise avec un pignon E. Ce dernier peut être conduit par une manivelle C. Pour le mettre en mouvement, il faut d'abord dégager cette manivelle, car celle-ci, dans sa position de repos, est saisie dans les échancrures d'une pièce D en forme d'étoile ; pour la dégager on pousse en avant la manivelle C, elle devient libre et peut agir sur le pignon E ; lorsqu'on l'abandonne elle revient de nouveau dans les échancrures de la pièce D et fixe le système au point où on l'a conduit.

L'ensemble est d'ailleurs pour plus de précautions, isolé sur des rondelles de verre ou de porcelaine F.

Cet appareil, de dimensions très restreintes, se place très bien dans un tableau de manœuvre ; il permet parfaitement la mise en marche graduelle d'une machine et se prête à prévenir automatiquement les accidents ; M. Frank Géraldy le considère comme un organe essentiel sans lequel l'usage industriel des courants de haute tension serait fort difficile.

On le verra d'ailleurs plus loin au chapitre relatif à la distribution par transformateurs à courants continus de haute tension.

DISTRIBUTION EN SÉRIE

Cette distribution représentée par le schéma nº 16, dans lequel D représente la dynamo et L les lampes, s'impose lorsqu'il s'agit de l'éclairage public d'une ville, si l'on veut réaliser une économie notable sur les fils conducteurs.

La différence de potentiel aux bornes de la dynamo est égale à la somme des différences de potentiel nécessaires

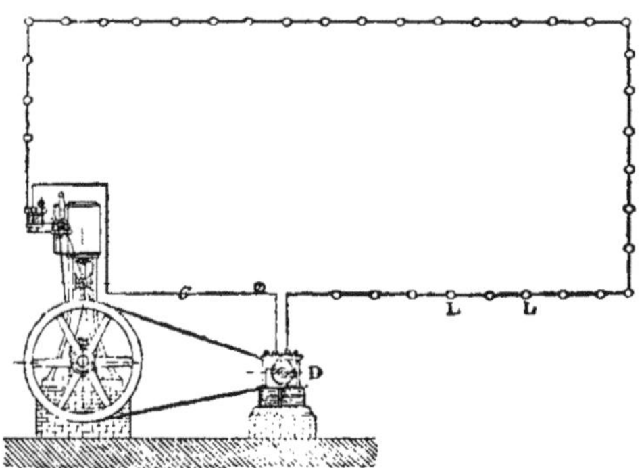

Fig. 16.

aux bornes des lampes, tandis que l'intensité est partout la même. Pour ce genre de distribution, on emploie presque exclusivement les dynamos excitées en série.

A la station centrale, la régularisation a pour but de maintenir un courant constant, quelles que soient les variations de résistance du circuit, c'est-à-dire quel que soit le nombre de lampes allumées. Pour arriver à ce but, on fait varier la force électromotrice de la dynamo en modifiant soit : 1° l'intensité du champ magnétique ; 2° l'angle de calage des balais ; 3° la vitesse de la dynamo. Les deux premiers procédés ont des défauts, surtout le deuxième, qui occasionne des étincelles désastreuses aux balais. M. Bernstein préfère faire varier la vitesse de la dynamo. A cet effet, il se propose de supprimer le modérateur du moteur à vapeur conduisant la dynamo et de maintenir la pression constante dans le cylindre.

Dans ces conditions, la vitesse varie automatiquement

de la quantité nécessaire pour rendre le courant constant dans le circuit de distribution. Ceci paraît assez bizarre, de prime abord, mais on peut s'en rendre compte facilement en raisonnant ; l'effort sur la courroie dépend uniquement du courant circulant dans l'induit de la dynamo et est absolument indépendant de la force électromotrice ; d'un autre côté cet effort est produit par la pression de la vapeur dans le cylindre du moteur, et n'a aucune relation avec le nombre de tours ; il en sera de même de l'effort de la courroie et de l'intensité du courant, quelle que soit la force électromotrice qui, elle, ne dépend que de la vitesse.

Il suffira donc, pour avoir une distribution parfaite, d'installer un appareil maintenant automatiquement constante la pression dans le cylindre du moteur à vapeur. Une pareille disposition est facile à réaliser en pratique.

Le courant restant constant dans les inducteurs et l'induit, il en résulte que la réaction de ce dernier est constante et que les balais, une fois convenablement calés, ne demandent jamais à être déplacés.

La distribution en série offre de nombreux avantages au point de vue de la simplicité de construction et d'entretien, mais d'un autre côté, elle conduit à des tensions élevées et par suite, dangereuses, lorsque les appareils alimentés sont très nombreux. L'isolement des conducteurs doit, par conséquent, être particulièrement soigné si l'on veut éviter les accidents.

On emploie le plus généralement des circuits distincts alimentés par des machines distinctes, mais plusieurs circuits peuvent aussi être alimentés par une même machine.

Ce mode de distribution est employé couramment en Amérique pour les lampes à arc comme pour les lampes à incandescence. On place trente, quarante, on a même été jusqu'à placer cent quarante lampes à arc en circuit à la suite les unes des autres. Ce montage n'a aucun inconvénient lorsque les lampes sont éteintes ou allumées simultanément.

Afin d'éviter une extinction totale de l'éclairage, il convient que l'alimentation des lampes soit assurée au moyen de deux circuits distincts desservis chacun par une machine spéciale, de manière que la moitié des lampes d'une même rue reste toujours allumée. Une troisième machine servant de réserve peut, au moyen d'un commutateur convenable, être reliée à l'un ou l'autre des deux circuits.

Dans le cas d'extinction accidentelle d'une lampe, un commutateur automatique placé soit dans la lampe, soit à côté de la lampe, ferme simplement le circuit ou intercale à la place de la lampe une résistance absorbant la même force.

Ce dernier moyen n'est pas économique, il est préférable de recourir à des machines ayant un système spécial de régulation permettant l'extinction et l'allumage des lampes sans insertion de résistances, et cela dans des proportions très grandes sans influencer ni nuire à la marche des autres lampes restant en service. Il existe des dynamos remplissant parfaitement ces conditions ; elles sont très répandues en Amérique. Mais, lorsque le nombre des lampes en circuit est très variable, ces dynamos fonctionnent alors avec un mauvais rendement pendant une partie du temps.

Quelques systèmes et particulièrement celui d'Edison pour l'alimentation des lampes à incandescence en série sont également très répandus en Amérique.

Pour la mise hors circuit des lampes brûlées, après de

nombreuses recherches, la Cie Edison de New-York est arrivée à combiner un dispositif simple qui, paraît-il, donne d'excellents résultats.

Un troisième fil en platine pénètre dans l'ampoule entre les deux branches du filament; il se prolonge dans la tige de la lampe et y est relié à un fil de fer très fin qui maintient un ressort tendu. Lorsque le filament se brise, un arc électrique prend naissance entre l'extrémité positive du charbon d'une part et l'extrémité négative et le troisième fil d'autre part. Le courant qui traverse ainsi ce dernier suffit à fondre le fil de fer et le ressort se détend en établissant un contact qui tient la lampe hors de circuit.

Dans d'autres installations, chaque réverbère renferme une lampe de réserve qui est mise automatiquement en circuit si la lampe ordinaire vient à être détruite. Dans ce but, le courant de cette dernière traverse la bobine à gros fil d'un électro-aimant qui porte une seconde bobine de très haute résistance placée en dérivation. L'enroulement de ces deux bobines est opposé de telle sorte qu'en temps normal, leurs actions sur le noyau se neutralisent. En cas d'accident au circuit régulier, le noyau se trouve aimanté par la bobine à fil fin, son armature est attirée et le mouvement de celle-ci supprime la lampe ordinaire du circuit en y introduisant la lampe de réserve.

Les dynamos employées dans le système Edison sont excitées en dérivation et fournissent une force électromotrice de 1200 volts. La machine la plus puissante pour ce système peut alimenter 12 circuits séparés comprenant 75 lampes de 16 bougies, soit 800 lampes en tout. L'intensité du courant dans chaque circuit est de 4 ampères environ, en sorte qu'on peut employer du fil fin.

Une sonnerie placée sur le tableau de distribution avertit l'électricien quand la différence de potentiel vient à varier. Le réglage consiste uniquement à faire varier la ré-

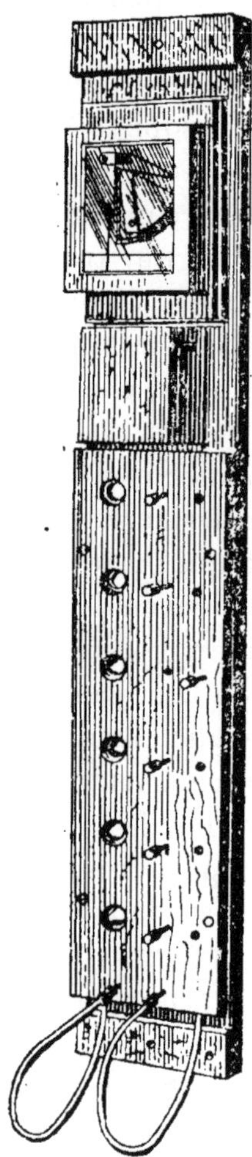

Fig. 17.

sistance d'excitation à l'aide d'un rhéostat placé sur le tableau.

Chacun des fils de circuit traverse 5 lampes témoins placées sur le tableau ainsi qu'un ampèremètre. Ce dernier est formé par un solénoïde en arc de cercle, à gros fil et placé dans le circuit. Dans ce solénoïde se meut une tige de fer également en arc de cercle et reliée au centre par une autre tige à angle droit. Cette tige porte un index qui se déplace sur une échelle graduée. Les fils partant de la station arrivent aux lampes à incandescence placées sous des réflecteurs, lesquels se trouvent sur de petites potences en fer recourbées à leur partie supérieure.

La figure 17 représente tous les appareils d'un circuit montés sur une planchette. On dispose sur le tableau autant de planchettes que l'installation comporte de circuits.

On peut aussi insérer sur les circuits de lampes à arc, des lampes à incandescence ; ces lampes peuvent être intercalées directement dans le même circuit que les lampes à arc et traversées par le même courant, ou intercalées par groupes en dérivation.

Le nombre de lampes que l'on peut mettre en service dans chaque groupe dépend du courant réclamé par chacune des lampes ainsi que de l'intensité totale du courant dans le circuit sur lequel elles sont placées.

Comme dans les dispositions précédentes, chaque lampe est munie d'un appareil automatique destiné à intercaler une lampe de réserve ou une résistance dans le cas où le filament viendrait à se briser.

Les avantages de la distribution en série peuvent se résumer ainsi :

1° Possibilité de faire d'excellents éclairages à de très grandes distances.

2° Suppression complète des coupe-circuits fusibles, car il n'y a pas d'échauffement possible des conducteurs.

3° Dépense minimum pour la canalisation.

DISTRIBUTION PAR ACCUMULATEURS

Les accumulateurs permettent une distribution assez économique de l'éclairage fourni par une station centrale. Il suffit d'un conducteur principal très étendu, de section relativement faible pour transmettre un courant continu d'une force électromotrice élevée qui peut charger un certain nombre de batteries disposées en série et placées dans des usines auxiliaires de distribution que nous appellerons *sous-stations*.

Trois systèmes sont employés :

1° *Système King*. Chaque sous-station renferme au moins deux batteries que l'on charge à part et à tour de rôle, par l'usine génératrice. Pendant que l'on charge une batterie, l'autre fournit le courant aux consommateurs. Dans ce cas les accumulateurs servent comme de véritables réservoirs d'électricité.

2° *Système Monnier*. Chaque sous-station renferme une batterie d'accumulateurs que l'on insère sur le circuit de charge pendant le temps nécessaire à l'emmagasinement de l'énergie à fournir par la sous-station. Les accumulateurs jouent le rôle de volants régulateurs ; ils se chargent pendant la période de faible consommation de lumière et ils se déchargent ajoutant leur courant à celui directement fourni par la station centrale au moment du maximum de la consommation.

3° Enfin dans quelques installations récentes, les accumulateurs sont automatiquement sortis un à un de la batterie et introduits à tour de rôle pendant quelques minutes dans le circuit de charge, les autres étant en décharge sur le circuit d'éclairage. La charge se fait sous courant constant au moyen d'une dynamo actionnée par un moteur à vapeur dont la vitesse se règle automatiquement de manière à assurer toujours la chute de potentiel qui convient au maintien de ce courant.

L'emploi des accumulateurs présente certains avantages. Indépendamment de la sécurité qu'ils offrent à l'éclairage, la disposition du circuit principal est de nature à éviter les court-circuits, le fil de retour suivant, en dehors de l'usine, un chemin différent et éloigné du fil d'aller.

Nous allons donner quelques détails pratiques sur les deux premiers systèmes qui ont actuellement reçu les plus grandes applications et dont l'installation est assez compliquée.

Système King

Ce système employé à Chelsea depuis quelques années vient d'être établi sur une grande échelle à Paris par la Cie Popp pour l'éclairage de son secteur.

Principe de la distribution. — Un certain nombre de sous-stations disséminées dans le quartier à éclairer renferment chacune au moins deux batteries d'accumulateurs. Ces sous-stations sont réunies en tension, par groupes, au moyen d'un câble appelé câble de charge, aboutissant à l'usine.

De chaque sous-station partent des feeders allant alimenter un réseau à mailles parcourant toutes les rues du quartier à éclairer. Sur les deux batteries de chaque station l'une est en charge lorsque l'autre est en décharge. Au moment de l'arrêt des machines les deux batteries couplées en quantité assurent le service du réseau de distribution. Le circuit d'alimentation n'est jamais rompu ni relié au circuit de charge, et pendant tout le temps nécessaire à la substitution d'une batterie à l'autre dans le circuit de charge, on y introduit une résistance.

Toutes les opérations peuvent se faire automatiquement comme à Chelsea ou à la main comme le pratique la Cie Popp.

Rendement. — En admettant un rendement des dynamos de 90 0/0 et des accumulateurs de 70 0/0, le rendement total sans compter les pertes de ligne est de $90 \times 70 = 63$ p. 0/0.

Dynamos. — On peut faire emploi d'autant de dynamos groupées en tension qu'il y a de batteries également couplées en tension, mais cette disposition devient très compliquée et par suite très coûteuse lorsque l'on fait usage de tensions élevées ; on préfère alors réduire le nombre des machines, ainsi que le fait la Cie Popp qui emploie pour atteindre 2.400 volts, 6 machines de 400 volts couplées en tension.

A Chelsea le nombre des dynamos génératrices en fonctionnement égale toujours celui des batteries simples en chargement ; lorsqu'une batterie est suffisamment chargée pour qu'on la retire du circuit, la dynamo correspondante est stoppée à la station centrale. On se propose de faire plus tard cette opération automatiquement, mais actuellement c'est un surveillant qui le fait lorsqu'il est averti par le voltmètre et l'ampèremètre qu'il y a une batterie retirée du circuit.

Il est préférable d'exciter le champ magnétique des dynamos génératrices par une ou plusieurs dynamos particulières avec moteur spécial. Si l'on fait usage d'une seule dynamo on peut la choisir à enroulement compound pour différence de potentiel constante, ce qui assure l'indépendance des circuits d'excitation réglables chacun par un rhéostat particulier. Si l'on fait usage de plusieurs dynamos excitatrices ou même d'une dynamo excitatrice pour chaque machine génératrice, il est préférable de les prendre à excitation en dérivation avec régulateurs dans le circuit d'excitation et dans le circuit principal.

Quand on retire du circuit un nombre de batteries inférieur à la puissance d'une dynamo, on abaisse la force électromotrice générale des machines en manœuvrant simultanément au moyen d'un volant tous les régulateurs de champ magnétique.

Quand un nombre de batteries correspondant à la puissance d'une dynamo a été retiré du circuit, on rompt le circuit d'excitation de ces dernières, puis l'on met son armature en court circuit ; pendant un instant une partie du courant de charge traverse par conséquent une armature inactive, ce qui ne présente pas d'inconvénient. Les interrupteurs sont construits de telle sorte qu'une armature ne puisse être mise en court circuit avant que son excitation ne soit supprimée, ou que le courant d'excitation soit établi avant que l'armature ne soit introduite dans le circuit de charge.

Sur le circuit de charge est monté un indicateur d'intensité avec sonnerie d'avertissement et lampes de couleurs permettant de se rendre compte d'un seul coup d'œil du sens de la variation.

Un disjoncteur automatique est aussi intercalé sur le circuit de charge de manière à rompre le circuit dans le cas du retour du courant des accumulateurs sur les machines.

Tableau de distribution. Usine centrale. — Le tableau représenté par la planche n° VI comporte tous les appareils nécessaires au fonctionnement d'une telle distribution et particulièrement ceux indiqués plus haut.

En outre, comme nous le verrons plus loin, si l'on fait usage de deux lignes de charge il est utile de prévoir à la station centrale les groupements de machines permis par ces deux lignes à haute tension et qui sont les suivants :

Couplage des machines en deux groupes, la moitié des machines fonctionnant en tension dans chaque groupe qui fournit, sous la même intensité, une force électromotrice moitié moindre que celle normale. Ces deux groupes peuvent fonctionner séparément sur les deux circuits de charge ou être groupés en quantité ainsi que les deux circuits de charge.

Le commutateur quadruple à six directions dessiné sur le tableau et étudié par nous permet ces divers groupements qui ne peuvent se faire en marche.

Le tableau comporte encore :

1° Un commutateur pour chaque machine et qui permet de l'exciter avant sa mise en circuit ou de couper l'excitation avant sa mise en court circuit (celui représenté sur le tableau est dû à M. G. Chenet ; on en comprend aisément le fonctionnement sans qu'il soit nécessaire de le décrire).

2° Un voltmètre pour chacune des machines.

3° Deux voltmètres généraux permettant de se rendre compte de la force électromotrice totale dans chacun des groupes ou dans les deux groupes associés en tension, en totalisant leurs indications.

Un ampèremètre ordinaire et un ampèremètre enregistreur sur chacune des lignes pour contrôler l'intensité qui y circule.

Nous avons aussi représenté sur ce tableau les excitatrices; elles sont groupées en quantité sur les barres de distribution. Un régulateur est intercalé dans chacun de leur circuit d'excitation et ces régulateurs peuvent être manœuvrés individuellement ou tous ensemble au moyen d'un arbre muni de deux volants. Comme les machines de haute tension peuvent fonctionner en deux groupes, nous avons prévu la même disposition pour les excitatrices : elles peuvent être toutes mises en fonctionnement, groupées en quantité ou être divisées en deux groupes indépendants dont le voltage peut être différent. A cet effet l'arbre de commande des régulateurs est divisé en deux parties que l'on peut facilement rendre solidaires ou non au moyen d'un embrayage quelconque.

Dans le circuit d'excitation de chacune des machines à haute tension est aussi intercalé un régulateur permettant de produire promptement de grandes variations sur les machines. Un régulateur général peut permettre le réglage simultané de toutes les machines à haute tension réunies en un seul groupe. Lorsque les machines fonctionnent en deux groupes, on retire les interrupteurs à broche I et l'excitation de toutes les machines de chaque groupe peut être réglée par deux autres régulateurs généraux.

A la partie supérieure du tableau sont encore disposés deux brise-circuits composés chacun de deux vases cylindriques remplis d'eau acidulée et dans lesquels plongent une pièce de cuivre dont le dessin indique la forme.

Pour briser le circuit il suffit de tirer sur la corde que l'on voit également figurer sur le tableau.

Un indicateur de terres placé sur le tableau doit permettre de vérifier l'isolement de la ligne à haute tension. La station devra en outre posséder tous les appareils nécessaires à la mesure de la résistance d'isolement des deux circuits de charge. Cette mesure doit être effectuée très souvent et notée sur un carnet spécial d'essais.

L'éclairage de la station doit être assuré par les dynamos excitatrices ou par une batterie d'accumulateurs capable de remplacer l'une ou l'autre des excitatrices en cas d'accident à l'une d'elles.

Câbles de charge. — Il est indispensable de faire usage de deux câbles de charge afin de pouvoir effectuer facilement les réparations sans nuire à la charge des accumulateurs. Il est en effet préférable d'agir ainsi, car avec les accumulateurs, le câble étant occupé plus longtemps qu'avec la marche directe on ne pourrait avoir le temps d'effectuer les réparations ou branchements, sans nuire à tout le service.

L'emploi de deux câbles de charge permet en outre, comme nous l'avons vu plus haut, deux combinaisons des machines génératrices à l'usine. Ainsi on peut fonctionner, 1° avec toutes les machines en tension; 2° avec deux groupes séparés ou réunis en quantité composés de la moitié des machines groupées en tension.

Lorsqu'une ville est alimentée par plusieurs circuits complètement séparés, partant chacun d'une station centrale, il est utile de mettre en communication ces réseaux aux points où ils sont les plus rapprochés. En temps normal ces communications sont coupées, mais elles permettraient en cas d'accident sur l'un d'eux, de le commander par l'un quelconque des autres réseaux.

Les hautes tensions employées avec ce système de distribution nécessitent des câbles de grand isolement.

Jusqu'alors on n'a fait usage pour les câbles de charge que de câbles à grand isolement placées dans des caniveaux en fonte, ou enfouis directement sous terre ou encore disposés dans des caniveaux en ciment. On n'a pas cru prudent de faire usage de câbles nus sur isolateurs en porcelaine placés dans des caniveaux en ciment.

Sous-stations. — La position topographique de chacune des sous-stations doit être établie avec soin et toujours de préférence au centre ou à proximité des plus gros consommateurs. Les sous-stations étant en général établies dans des immeubles habités, il est nécessaire de les approprier convenablement pour obtenir une bonne installation du matériel et une bonne répartition afin de faciliter le service. En raison du poids considérable des accumulateurs il est souvent nécessaire de consolider les murs et les planchers qui doivent les supporter.

Il doit être procédé à la confection de sols en asphalte afin d'éviter les fuites qui pourraient être occasionnées par les accumulateurs, dans le cas d'un sol insuffisamment imperméable.

Toutes les stations doivent être pourvues d'eau et d'un large évier afin de pouvoir opérer tous les nettoyages et remplissages d'accumulateurs. Un compteur doit aussi être disposé sur la conduite d'arrivée de manière à enregistrer la dépense d'eau dans chaque station.

Le sol des salles d'accumulateurs doit être en pente, afin de ramener toutes les eaux dans une rigole de manière à ce qu'elles ne séjournent pas dans ces salles et qui doivent toujours maintenues en parfait état de propreté, condition essentielle pour arriver à une bonne exploitation, n'amenant aucune perte à la terre.

On disposera dans chaque station, des bacs neutralisateurs dans lesquels toutes les eaux acidulées provenant des accumulateurs seront déversées et neutralisées avant de sortir de la station.

Chaque station doit également être munie de ventilateurs en nombre suffisant pour que le renouvellement de l'air soit parfaitement assuré et que l'on puisse facilement séjourner dans les salles d'accumulateurs.

Tableaux de distribution de sous-station. — Le tableau de distribution de sous-station représenté par la planche n° VII se compose :

1° d'un commutateur de manœuvre pour les circuits à haute tension ;

2° d'un commutateur de mise en charge et en décharge par batterie d'accumulateurs.

Commutateur de manœuvre des circuits à haute tension. — Cet appareil que nous appellerons commutateur quadruple à trois directions permet de :

Grouper les deux lignes en quantité ;

Charger avec la ligne n° 1 ;

Charger avec la ligne n° 2 ;

Retrancher complètement la sous-station des lignes, en fermant les deux lignes en court-circuit.

Il faudra par conséquent, si l'on veut obtenir l'une des combinaisons ci-dessus, placer les palettes de ce commutateur respectivement sur les plots en regard desquels se trouve la désignation de la combinaison à réaliser.

Il est important de faire remarquer que la construction et le rôle du commutateur quadruple à trois directions exigent que les manœuvres de changement de plots ne se fassent *jamais en marche*, sous peine de *détérioration* de l'appareil et *d'accident grave*, tant à la station centrale qu'à la sous-station.

Les deux ampèremètres placés au-dessus de ce commutateur sont intercalés chacun dans une des lignes à haute tension et permettent de reconnaître facilement le passage du courant dans les lignes.

Il est nécessaire aussi que les batteries d'accumulateurs soient en décharge, précaution absolument essentielle.

Commutateur de mise en charge et décharge. — Ce commutateur imaginé par nous et dessiné schématiquement sur le tableau, est employé comme son nom l'indique, à la mise en charge ou en décharge des batteries.

Nous ferons remarquer que dans ces appareils la poignée de manœuvre est folle et ne s'embraye qu'au moyen d'une clé qui est unique pour deux commutateurs et qui établit un blocage. Cette clé ne peut être mise en place ou enlevée que lorsque le commutateur est dans la position décharge. Lorsque le tableau de distribution comporte 3 commutateurs il y a deux clés.

Le blocage a pour but d'empêcher de mettre toutes les batteries en charge simultanément (ce qui couperait alors le circuit des abonnés), tout en permettant de mettre les batteries affaiblies en charge. Ce système de blocage est celui employé par la Cie Popp combiné avec le commutateur que cette compagnie emploie et qui est représenté fig. 18.

Notre commutateur permet de réaliser les mêmes combinaisons que celui employé par la Cie Popp et il a en outre l'avantage d'enlever toute communication des circuits de haute tension avec les résistances en dehors des périodes de mise en charge ou en décharge sans aucune autre manœuvre supplémentaire.

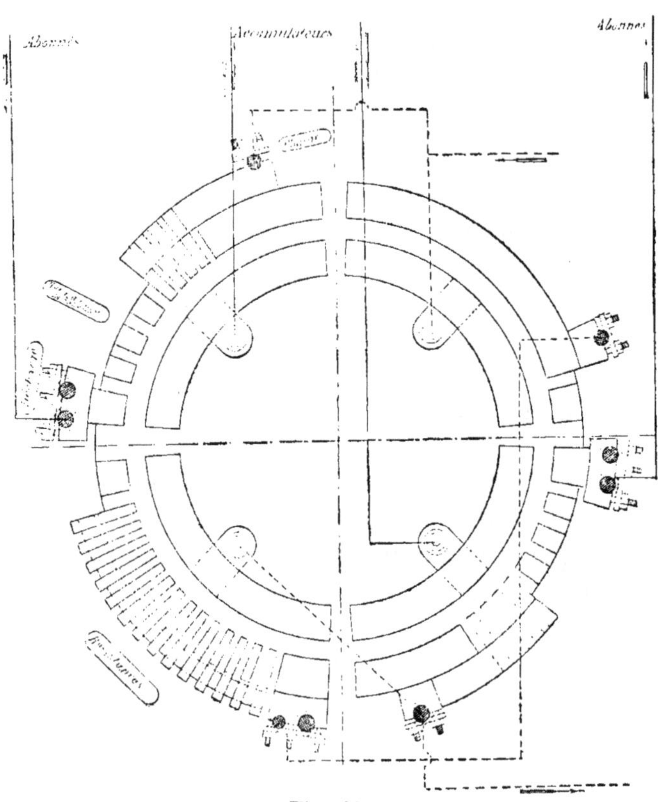

Fig. 18.

Au-dessus de chaque commutateur de mise en charge et décharge on voit un rhéostat dont les diverses sections communiquent aux quatorze plots du commutateur désignés résistances et qui est destiné à être intercalé dans la ligne à haute tension ou à en être enlevé progressivement pour donner à la station centrale le temps d'augmenter le voltage des machines de la valeur de celui nécessaire à une batterie. Entre ces deux commutateurs de mise en charge et décharge sont aussi disposés deux commutateurs de réduction destinés à varier dans chaque batterie le nombre d'éléments en charge ou en décharge.

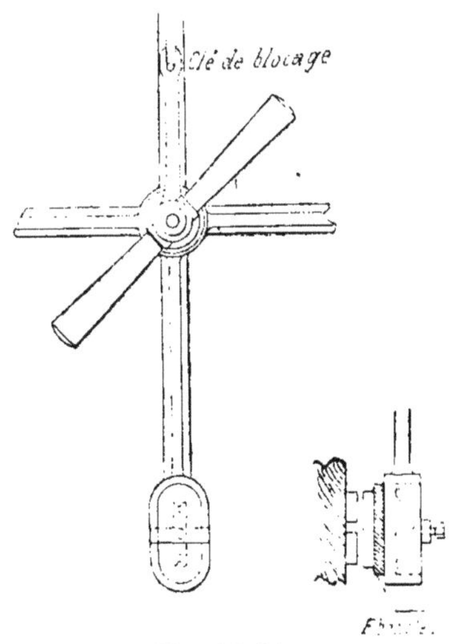

Fig. 18 bis

Le tableau comporte en outre pour chaque batterie, un ampèremètre intercalé sur le circuit de décharge des accumulateurs, et un voltmètre permettant de se rendre compte du voltage à la charge et à la décharge.

Nous n'avons pas jugé utile de faire figurer le tableau de départ des circuits d'alimentation du réseau, on peut adopter la partie droite du tableau dessiné planche V qui convient très bien dans le cas qui nous occupe.

Mise en charge d'une batterie. — Le commutateur quadruple à trois directions étant placé sur les plots voulus, c'est-à-dire sur la ligne n° 1 ou 2 et les commutateurs de mise en charge et décharge sur les plots *décharge*, toutes les batteries étant en décharge et l'une d'elles étant affaiblie, voyons les manœuvres successives à exécuter pour mettre cette batterie en charge.

Réduire au moyen du réducteur le nombre d'éléments de cette batterie, jusqu'à ce que l'on constate à l'ampèremètre que le courant débité par cette batterie est aussi minime que possible.

Si la clé de manœuvre n'est pas sur le commutateur de la batterie, la prendre sur l'appareil de *mise en charge et décharge* d'une des batteries en décharge. Introduire cette clé dans l'appareil de la batterie à mettre en charge puis commencer la manœuvre du commutateur. La première manœuvre a pour but d'enlever la communication de la batterie du réseau en passant du plot décharge aux plots nuls placés à côté de ce dernier.

Réduire le nombre des éléments de la batterie à mettre en charge jusqu'à ce que sa force électromotrice soit minimum.

Nous ferons remarquer qu'en enlevant la batterie du réseau, nous avons en même temps remplacé dans la ligne à haute tension, le court-circuit complet par une résistance de façon à faire monter insensiblement la force électromotrice de la ligne jusqu'au moment ou nous introduirons la batterie dans cette ligne.

La nécessité exige que les manœuvres soient faites *très lentement et plot par plot*, en vérifiant sur l'ampèremètre de ligne que l'usine centrale maintient son courant à sa valeur normale. Au besoin attendre que l'usine ait réglé son courant pour achever les manœuvres.

Terminer la manœuvre sur l'appareil de *mise en charge et décharge* en amenant plot à plot, les palettes devant l'indication *charge*.

La clé de manœuvre est alors bloquée.

Augmenter plot à plot, sur le réducteur, le nombre d'éléments jusqu'à ce que le nombre total des éléments à charger soit intercalé dans le circuit de charge.

Pendant la période intermédiaire entre la mise en charge d'une batterie et la mise en charge des autres, le gardien de la station n'aura à s'occuper que de maintenir la différence de potentiel aux bornes des lampes des abonnés.

Mise en décharge d'une batterie. — Réduire le nombre d'éléments de la batterie considérée jusqu'à ce que sa force électromotrice soit minimum, et cela au moyen du réducteur.

Manœuvrer l'appareil de *mise en charge et décharge* de cette batterie plot à plot, jusqu'au dernier plot (nous aurons alors rompu les accumulateurs de la ligne à haute tension et remplacé, dans cette ligne, les accumulateurs par les résistances).

Constater la force électromotrice au voltmètre placé sur les tableaux des circuits d'alimentation du réseau et augmenter au moyen du réducteur, le nombre d'éléments jusqu'au moment où l'on constatera, au voltmètre placé au-dessus du commutateur de *mise en charge et décharge*, la même force électromotrice que celle du circuit d'alimentation du réseau secondaire.

Terminer lentement la manœuvre de l'appareil de *mise en charge et décharge* en amenant les palettes devant l'indication *décharge* (à gauche de cet appareil) ; augmenter plot à plot, sur le réducteur, le nombre d'éléments jusqu'au débit qu'on veut lui demander.

La clé de blocage est alors dégagée et permet d'exécuter les mêmes manœuvres sur une autre batterie qui peut alors, au besoin, être mise en charge.

La figure 19 représente les diverses phases de la mise en décharge d'une batterie.

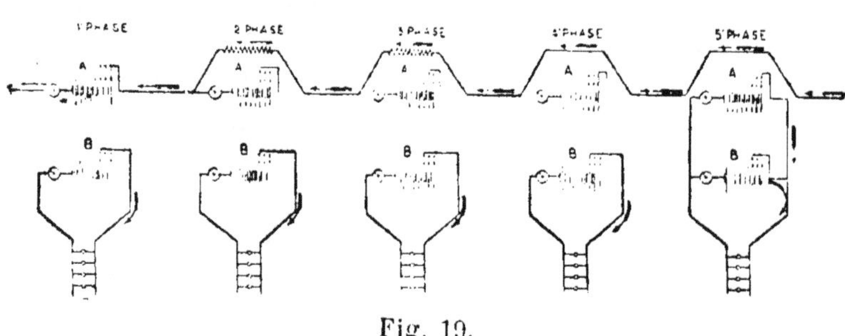

Fig. 19.

Réseaux secondaires. — Le réseau secondaire est relié directement aux batteries d'accumulateurs des sous-stations par un ou plusieurs câbles d'alimentation calculés pour occasionner une perte aussi faible que possible afin d'éviter de trop grandes variations de la force électromotrice aux bornes des lampes et de supprimer tout réglage à la sous-station.

Si on les calcule pour des pertes assez considérables, il est nécessaire de prévoir un réglage à la sous-station et chaque câble d'alimentation du réseau secondaire devra être muni d'un commutateur de réduction pour intercaler dans la ligne un nombre d'accumulateurs variable avec le débit de chaque câble.

En outre la connexion directe de toutes les sous-stations au réseau secondaire, a pour effet d'éviter toute extinction même partielle chez les abonnés. L'arrêt complet d'une station ne peut amener aucune extinction ; un affaiblissement du pouvoir lumineux des lampes peut seul en résulter. Ces sous-stations fonctionnent alors comme des stations centrales indépendantes les unes des autres, et aux heures de faible consommation, on peut alimenter le réseau avec un nombre très restreint de sous-stations, les pertes de charge étant très faibles pendant ce temps.

Dans le secteur de la Cie Popp, la canalisation secondaire est établie sur deux principes différents suivant les quartiers.

Dans les quartiers du centre, elle consiste en circuits rayonnants autour de la sous-station, et d'une longueur de 250 mètres environ, sur lesquels viennent se brancher les installations particulières ; l'excès de charge chez les abonnés les plus voisins de la sous-station est absorbé par des rhéostats automatiques faisant partie de l'installation.

Dans les quartiers excentriques, les sous-stations alimentent des circuits en boucles, les deux conducteurs de chaque polarité faisant retour sur le trottoir opposé de la rue, de façon à desservir les deux côtés. Les conducteurs qui constituent ces derniers circuits sont des câbles nus, placés dans des caniveaux en fonte, sur isolateurs en porcelaine.

Les câbles des circuits rayonnants, de même que les câbles de charge, sont au contraire isolés par une couche de caoutchouc, recouverte d'une enveloppe en plomb et d'une garniture en chanvre.

Surveillance et entretien. — Le sol de la station doit toujours être entretenu en parfait état de propreté et passé au pétrole.

Les ventilateurs doivent être mis en marche dès que le besoin s'en fait sentir, mais au moins deux heures par jour. Le gardien doit veiller au graissage du moteur et du ventilateur.

Il doit être interdit de fumer ou de circuler avec des lampes à feu nu dans les stations.

Aucune eau acidulée ne doit être versée au plomb sans avoir préalablement passé par le bac neutralisateur qui doit être plein d'eau additionnée de 10 kilogrammes de potasse.

Pendant le service, le gardien doit toujours être muni de sandales en caoutchouc. Il ne devra jamais toucher aux bacs en charge à moins de réparations urgentes. Dans ce cas, il doit porter une paire de gants en caoutchouc et n'opérer que d'une seule main.

Il doit essuyer journellement et avec soin, en se servant d'un chiffon de laine chaud, les tableaux de haute tension *pendant l'arrêt du circuit de charge* et faire la même opération sur les tableaux des circuits d'alimentation du réseau sans indication de moment précis.

Les godets isolateurs supportant les accumulateurs, doivent constamment être garnis d'*huile spéciale de pétrole*, ainsi que la surface du liquide des accumulateurs.

Avant de mettre une batterie en décharge vérifier si elle a une terre.

En cas de suintement des bacs d'accumulateurs, retirer la batterie du circuit de charge ou de décharge. Enlever l'accumulateur qui fuit, le remplacer par une connexion en câble et remettre la batterie en service. Vider l'accumulateur.

On reconnaîtra qu'une batterie est complètement chargée quand la différence de potentiel aux deux pôles de chaque élément atteint 2 volts 50. A défaut d'un voltmètre spécialement disposé pour prendre cette mesure on lira le nombre de volts indiqué par le voltmètre de la batterie et on le divisera par le nombre d'éléments en charge.

En cas de bouillonnement anormal d'un accumulateur et d'une élévation de température d'un bac, vérifier son état en se conformant aux prescriptions données en cas de suintement (ne pas faire la vidange du bac).

Lorsqu'une plaque d'accumulateur pour quelque raison que ce soit, devra être retirée, la laisser égoutter au dessus du bac avant de la sortir, afin d'éviter les taches d'acide.

En cas d'accident important sur une batterie, la retirer du circuit de charge ou de décharge.

Il est indispensable que le gardien de la station se rende compte très souvent de la force électromotrice des batteries en décharge et maintienne cette force électromotrice au nombre de volts convenable.

En cas d'accident grave, incendie ou inondation, rompre le circuit de charge en faisant usage du brise circuit placé à la partie supérieure du tableau.

Système Monnier.

Ce système de distribution a été appliqué pour la première fois par M. D. Monnier à l'éclairage de l'Opéra et du Burgtheater de Vienne. La fig. 20 indique le principe de ce mode de distribution. L'installation de l'Opéra, éloignée de 1500 mètres de l'usine centrale, comprend quatre batteries groupées en série, dont les pôles extrêmes sont reliés à une ou plusieurs machines génératrices à courant constant.

Chaque batterie est munie de deux commutateurs fig. 21, dont l'un A, sert à régler le potentiel de distribution en modifiant le nombre des éléments en activité, et dont l'autre B, permet de faire varier le nombre d'éléments en charge

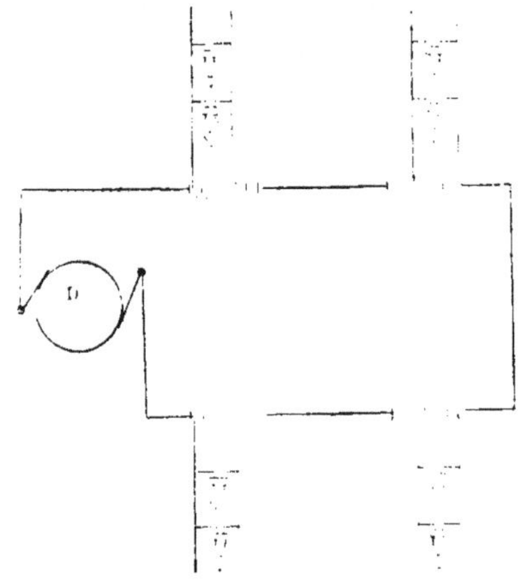

Fig. 20.

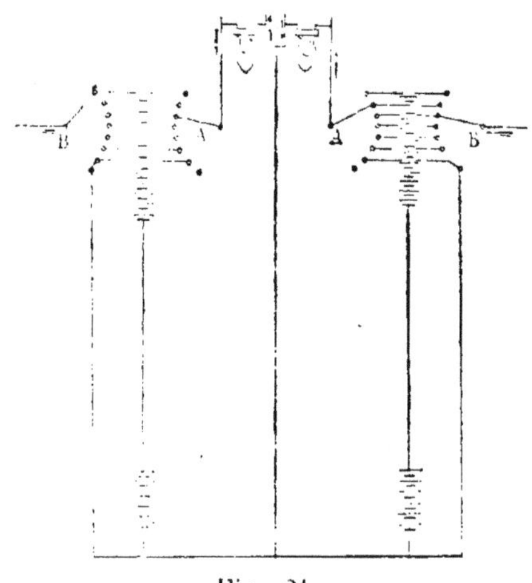

Fig. 21.

et, s'il y a lieu, de supprimer totalement la batterie du circuit des machines sans interrompre l'éclairage.

La figure 22 montre l'une des dispositions dont on peut

faire usage pour l'application de ce système à la distribution du courant dans une ville.

On place les batteries en des points convenablement choisis et de telle manière que chacune d'elle fonctionne comme un centre de distribution duquel partent les conduites d'alimentation alimentant les lampes. La canalisation de charge fonctionne alors en même temps comme conduite de distribution, et l'on voit facilement que dans cette partie du réseau la force électromotrice du courant engendré par les machines a pour effet de diminuer la perte de charge sur le courant distribué.

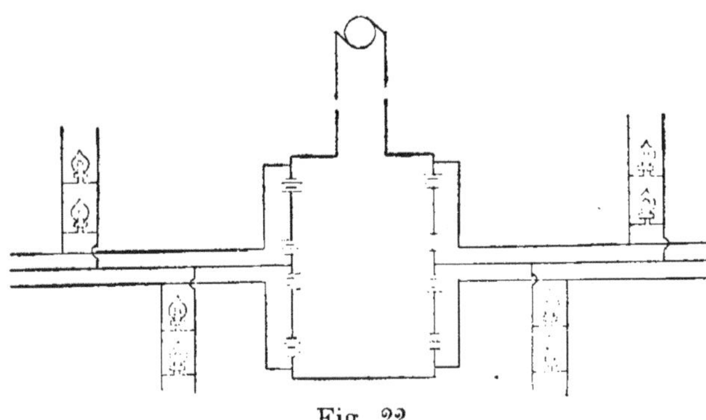

Fig. 22.

Le maintien de la constance du voltage aux lampes s'obtient en faisant varier le nombre d'accumulateurs en décharge ou en insérant des résistances dans les conduites d'alimentation.

Les accumulateurs étant toujours reliés au circuit de charge au moment de l'éclairage, si l'un des pôles du groupe de dynamos vient à être mis accidentellement en contact avec la terre, les conducteurs reliés à l'autre pôle sont portés au potentiel maximum régnant aux bornes des dynamos, lequel est susceptible d'occasionner des secousses très pénibles et même dangereuses à une personne touchant à ces conducteurs et reposant sur un sol humide.

Afin d'atténuer cet inconvénient on a proposé de relier à

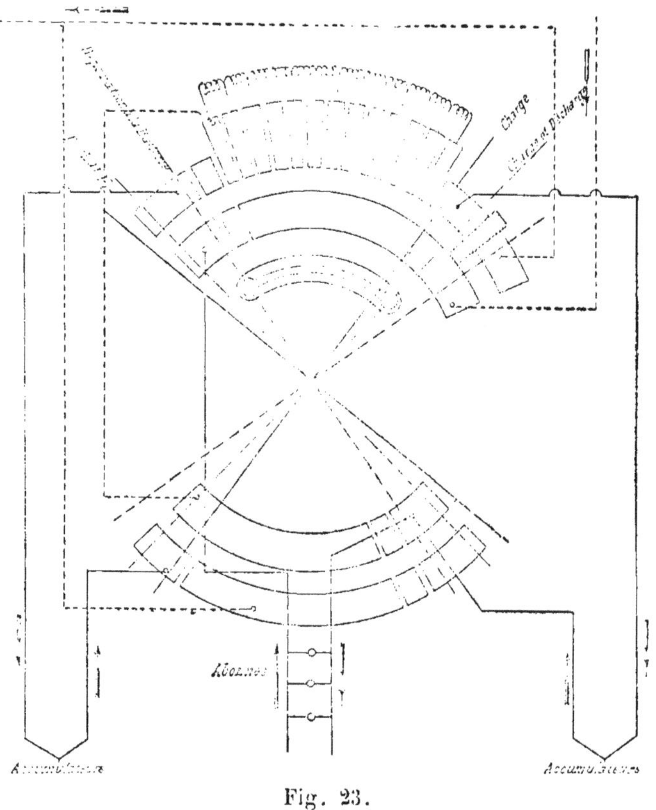

Fig. 23.

la terre un point situé vers le milieu du circuit des machines, en sorte que les pôles de celles-ci ne puissent dépasser un potentiel égal à la moitié de la tension totale.

M. Monnier pense qu'on peut mettre sans danger jusqu'à 5 et même 6 batteries en série.

S'il s'agissait d'une distribution plus étendue il serait préférable d'avoir recours au système précédent qui présente plus de garantie au point de vue de la sécurité du personnel, mais ce système est plus coûteux.

La plupart des dispositions adoptées dans le système employé par la Cie Popp peuvent être utilisées ici, aussi suffira-t-il de se reporter sur ce que nous avons dit à ce sujet.

Nous représentons dans la fig. 23 un commutateur de sous-station que nous avons combiné en nous basant sur celui employé par la Cie Popp et qui permet : la mise en charge, en décharge, en charge et décharge des accumulateurs. On ne peut retirer la clé de blocage que lorsque le commutateur est dans les positions charge, ou charge et décharge de manière à empêcher l'extinction des lampes des abonnés.

DISTRIBUTION PAR TRANSFORMATEURS A COURANTS CONTINUS.

Principe de la distribution. — Ce système de distribution consiste à installer dans une ville une série d'usines productrices d'électricité desservant chacune les quartiers environnants. Ces usines, au lieu d'être actionnées par des machines à vapeur, le sont par des dynamos réceptrices, recevant l'électricité envoyée par une usine principale, située là où l'on peut installer la force motrice nécessaire dans les meilleures conditions.

Avantages et inconvénients. — Ce système donne une solution satisfaisante de l'éclairage d'une ville. L'emploi de transformateurs puissants permet d'atteindre un rendement de transformation assez élevé qui peut être facilement de 80 0/0 à pleine charge. L'usage de hautes tensions et d'appareils en mouvement n'offre aucun inconvénient puisque ce sont des ouvriers spéciaux qui sont chargés de les manier.

Il a le défaut d'employer des postes spéciaux de distribution, d'entraîner par suite des frais supplémentaires de loyer et de personnel et d'augmenter beaucoup le développement du réseau secondaire de distribution.

Cela n'a pas grande importance dans une ville comme Paris où le supplément de frais généraux est réparti sur une énorme consommation, et où la valeur du cuivre n'entrera que pour une faible part dans le prix d'établissement des conduites souterraines. Mais il n'en serait pas de même si les points de consommation étaient éloignés les uns des autres, s'ils n'avaient qu'une faible importance chacun et si l'on ne pouvait employer des conduites aériennes.

C'est le cas qui se rencontrera le plus souvent dans les pays montagneux où la fréquence des chûtes d'eau inutilisées paraît rendre particulièrement avantageux l'emploi de l'électricité pour transporter et distribuer l'énergie. Alors ce système serait trop coûteux.

Les moteurs à courants continus sont jusqu'à présent supérieurs aux courants alternatifs au point de vue du rendement, de la facilité de démarrage, de la conduite.

Les courants continus permettent de faire emploi des accumulateurs qui fournissent une réserve utile lors d'un accident dans la canalisation primaire ou dans les machines de la station principale ou des sous-stations.

D'un autre côté, les transformateurs à courants continus exigent des soins constants, tant sous le rapport du graissage et de l'entretien des balais que sous celui de la régularisation de la vitesse et de la tension.

Divers modes d'excitation des moteurs. — Lorsqu'on lance un courant de force électromotrice constante dans un moteur à courant continu, on remarque que la vitesse de ce moteur augmente jusqu'à ce que sa puissance soit égale à la résistance opposée par l'appareil à mettre en mouvement. On constate en même temps que le courant qui traverse le moteur diminue graduellement à mesure que la vitesse augmente accusant ainsi dans le moteur le développement d'une force contre électromotrice croissant avec cette vitesse.

Les distributions d'électricité se faisant en série (intensité constante) ou en dérivation (*f. é. m.* constante), il est important d'étudier comment fonctionnent les moteurs lorsqu'ils sont insérés sur l'un ou l'autre de ces deux systèmes de distribution.

Excitation en série. — Dans un moteur excité en série traversé par un courant constant, la puissance garde une valeur invariable quelle que soit la vitesse. Le moteur ne se mettra par conséquent en marche que si la puissance exigée par l'appareil à mettre en mouvement est inférieure à cette valeur. Si la charge diminue, la vitesse augmente considérablement jusqu'à ce que les résistances passives compensent la diminution de charge.

Si le moteur en série est au contraire branché en dérivation sur un circuit à *f.e.m.* constante, le courant qui traverse le moteur atteint sa plus grande valeur lorsque son induit est immobile, il est donc à ce moment capable d'un effort de démarrage très grand. Le moteur ayant démarré, sa vitesse augmente jusqu'à ce qu'il y ait équilibre entre la puissance du moteur et celle exigée par la machine à mettre en mouvement tandis que la force contre-électromotrice augmente et l'intensité du courant diminue. Si l'on enlève totalement la charge, sa vitesse augmente jusqu'au

BIBLIOTHÈQUE NATIONALE RF IMPRIMÉS

moment où la force contre-électromotrice devient à peu près égale à celle du circuit sur lequel le moteur est branché. La dépense d'énergie devient alors insignifiante, le moteur n'ayant plus à vaincre que ses frottements propres.

Dans les grands moteurs soumis à de fortes variations de charge, la vitesse peut atteindre une valeur dangereuse, il devient alors préférable dans ce cas de recourir aux moteurs à enroulements en dérivation. Toutefois, si un agent est spécialement chargé de la surveillance du moteur, il n'y a pas à craindre qu'il s'emporte et l'on peut sans inconvénient adopter, même pour des charges très variables, l'excitation en série.

Excitation en dérivation. — Si l'on introduit un moteur excité en dérivation dans une distribution en série, l'intensité du courant circulant dans le circuit inducteur est d'abord très faible, la puissance est par conséquent minime. Si on laisse tourner l'induit sans charge, la force contre-électromotrice qu'il engendre croît, faisant augmenter l'intensité du courant circulant dans le circuit inducteur et par suite la puissance du moteur qui devient capable de recevoir une charge croissante. Si le moteur doit être mis en marche avec sa charge normale il est nécessaire d'introduire dans le circuit de l'induit un rhéostat dont on diminue progressivement la résistance à mesure que la vitesse du moteur augmente.

Lorsque le moteur est alimenté par un circuit à *f. e. m.* constante, l'intensité du courant dans les inducteurs reste invariable.

La puissance du moteur est maximum au démarrage et diminue progressivement quand il y a augmentation de vitesse, c'est-à-dire diminution de charge. Cette décroissance est toutefois moins rapide que dans le moteur en série, car dans ce dernier l'intensité du courant dans l'induit et dans les inducteurs diminuent ensemble, tandis qu'avec le moteur en dérivation branché sur un circuit à *f. e. m.* constante, l'intensité dans le circuit inducteur ne varie pas.

Par ce qui précède on voit que les moteurs excités en dérivation et branchés sur un circuit à *f. e. m.* constante tendent à conserver une vitesse à peu près constante quelle que soit la charge et sont par suite très bien appropriés aux applications où la charge est variable.

Excitation composée.—On est arrivé en munissant les inducteurs des moteurs d'un enroulement différentiel l'un en dérivation et l'autre en série, mais ce dernier disposé de telle sorte qu'une augmentation du courant qui le traverse produise une diminution du champ magnétique, à assurer une constance pour ainsi dire parfaite de la vitesse des moteurs.

La mise en marche d'une réceptrice ainsi combinée demande quelques précautions.

Il est impossible de fermer brusquement le circuit principal sans accident, car ce courant prendrait instantanément une grande intensité qui donnerait tout au moins un à coup à la machine et une production d'étincelles aux balais toujours dangereuse pour le collecteur. En outre l'enroulement de gros fil des électros de la réceptrice étant différentiel il pourrait arriver qu'il devînt prépondérant et renversât le magnétisme des inducteurs produisant par suite un changement de sens de rotation.

Pour éviter ce renversement il est indispensable d'intercaler dans le circuit principal un rhéostat d'assez grande puissance dont toutes les résistances sont intercalées au moment de la mise en circuit du moteur et ensuite diminuées progressivement jusqu'à ce que la machine ait atteint graduellement sa vitesse normale.

Excitation séparée. — Ce mode d'excitation permet de limiter le courant de haute tension à l'induit de la réceptrice et d'employer des inducteurs à gros fil traversés par un courant de faible tension, ce qui permet d'employer des fils d'isolement plus faible et diminue le prix de la machine ainsi que les chances d'interruptions et d'accidents. Mais cette disposition a l'inconvénient d'exiger l'emploi à la station réceptrice d'une batterie d'accumulateurs suffisante pour exciter préalablement les inducteurs. Une fois la réceptrice en marche normale on ferme le circuit de ses inducteurs sur le circuit à basse tension ou sur le circuit d'une excitatrice spécialement disposée à cet effet et commandée par la machine réceptrice.

Transformateurs.

Les machines réceptrices à haute tension et génératrices à basse tension sont généralement calées sur le même axe, d'autres fois même elles sont réunies en une seule. Dans ce cas un électro unique (excité par le courant primaire ou par un courant de basse tension) entoure un induit possédant deux enroulements disposés parallèlement l'un en fil fin et l'autre en gros fil et dont les sections sont alternées. Chacun des deux enroulements est relié à un collecteur, l'un recevant le courant primaire et placé d'un côté de l'induit et l'autre recevant le courant secondaire de l'enroulement à gros fil est placé de l'autre côté. Cette dernière combinaison permet de simplifier les appareils, de diminuer la dépense de courant nécessaire à l'excitation par suite de l'emploi d'un électro commun et aussi de rendre le calage des balais à peu près fixe, les réactions des deux enroulements sur l'inducteur étant inverses. L'appareil ainsi construit peut fonctionner presque sans surveillance, les balais n'exigeant pas de décalage en marche. Si cette disposition a de nombreux avantages,elle a par contre un inconvénient grave, qui est le rapprochement de deux circuits parcourus par des forces électromotrices très différentes et pouvant être exposés à des contacts. Il est vrai que le même danger existe dans les transformateurs à courants alternatifs, mais ici il est bien plus sérieux par suite du mouvement des induits et des extra-courants auxquels donnent lieu les variations brusques de débit. Pour ces motifs il est presque toujours préférable de faire emploi de deux machines distinctes réunies par un manchon isolant.

A Chelsea, où l'on fait emploi de transformateurs à inducteurs et induits uniques, on a enroulé le circuit primaire de haute tension dans des rainures garnies de feuilles munies d'ébonite. L'isolement ainsi assuré a donné aux essais des résultats satisfaisants.

Calage des balais. — L'induit des moteurs excités en série prenant un mouvement de rotation inverse de celui qu'on doit donner à la machine fonctionnant comme génératrice, il faut non seulement intervertir l'inclinaison des balais du moteur, mais encore les caler sur le collecteur en arrière de la ligne neutre du champ magnétique.

L'induit des machines à excitation en dérivation tournant toujours dans le même sens qu'elles fonctionnent comme génératrices ou comme réceptrices, l'inclinaison des balais doit rester la même, mais leur point de contact sur le collecteur doit avoir lieu comme pour les moteurs en série, en arrière de la ligne neutre du champ magnétique.

Choix du système de distribution.

Le choix du système de distribution et du mode d'excitation des machines génératrices et réceptrices doit être déterminé par le genre de travail que l'on demande aux moteurs.

1° S'il s'agit d'actionner des dynamos alimentant une distribution d'énergie électrique à potentiel constant, la puissance des moteurs devra être elle-même constante sous des puissances très variables.

2° Si au contraire il s'agit d'actionner des dynamos alimentant des groupes de lampes montées en série, la vitesse devra varier dans la même proportion que le nombre des lampes en service.

3° S'il s'agit d'actionner des dynamos alimentant un éclairage public où le nombre de lampes en service est toujours le même, la charge sera invariable et la vitesse devra être maintenue constante.

On peut remplir ces diverses conditions en groupant les moteurs en série ou en dérivation et en adoptant un mode convenable d'excitation pour les génératrices et pour les réceptrices.

On peut réaliser le premier cas de deux manières 1° en faisant usage d'une distribution en dérivation, les génératrices étant excitées séparément et groupées en quantité, les réceptrices excitées en dérivation et également groupées en quantité ; 2° en faisant usage, lorsque l'on réalise une transmission à l'aide de deux dynamos seulement, du procédé indiqué par M. Kapp et appliqué par M. Brown, qui permet, par l'accouplement de deux machines excitées en série, d'obtenir une vitesse constante aux réceptrices quelle que soit la charge.

On peut réaliser le deuxième cas en groupant en série des réceptrices excitées en série, le circuit étant alimenté par une génératrice également excitée en série. Ce système de distribution est préconisé par M. Bernstein.

Le troisième cas est réalisable avec une distribution en dérivation, les génératrices et les réceptrices étant excitées en série ou en dérivation et groupées de l'une ou l'autre manière sur les circuits.

Distribution en dérivation

Avec cette distribution la station centrale renferme un nombre convenable de machines génératrices fonctionnant toutes en quantité ou par groupes indépendants. Les sous-stations comportent des réceptrices à haute tension excitées en dérivation et réunies en quantité sur les conducteurs venant de la station centrale génératrice.

La subdivision en groupes générateurs distincts afférents à chacune des stations réceptrices serait économiquement mauvaise tant au point de vue de l'installation que de l'exploitation. Comme installation elle nécessite plus de matériel ; comme exploitation chacun des groupes générateurs travaillant au-dessous de sa puissance normale, fonctionnera dans de mauvaises conditions de rendement. La disposition vraie est certainement comme dans les distributions directes en dérivation, l'emploi d'unités travaillant toujours à pleine charge ou à peu près, et s'ajoutant les unes aux autres en un seul groupe de manière à fournir toujours dans les meilleures conditions de rendement le courant total demandé par l'ensemble des sous-stations et cela avec le minimum du matériel mécanique. Il est évident qu'une pareille disposition ne peut fournir qu'un seul potentiel résultant de l'action commune des machines associées.

La quantité d'énergie nécessaire à chaque sous-station variant à chaque instant, il est important qu'elle ne reçoive que juste la quantité d'énergie qui lui est nécessaire. On remarque de suite que le contrôle de la quantité d'énergie demandée échappera toujours à la station génératrice. Il s'en suit que le mieux à faire est de disposer les appareils de réglage, quels qu'ils soient, dans les stations réceptrices.

Il est facile de voir que, pour obtenir une vitesse constante aux réceptrices, on ne peut agir que sur deux quantités: la résistance totale du circuit, ou le champ magnétique.

Pour agir sur la résistance du circuit il est nécessaire d'intercaler sur son parcours une résistance variable suivant la puissance exigée par la réceptrice. Mais ce procédé n'est pas recommandable parce qu'il entraîne une perte de puissance. On ne peut l'appliquer que lorsque l'on dispose de force motrice à bon marché et en abondance ; on ne peut songer à en faire emploi dans les usines utilisant la force due à la vapeur.

Il est bien plus simple et bien plus économique de régler la puissance absorbée par les machines en agissant uniquement sur le champ magnétique des réceptrices.

Station centrale génératrice. — Comme nous l'avons vu plus haut la marche en quantité des machines génératrices est la solution la plus avantageuse. Mais pour réaliser le couplage en quantité des machines à haute tension il est nécessaire, pour qu'on puisse être maître de leur marche et qu'on puisse les régler avec une certaine précision, de recourir à diverses dispositions que nous allons décire. La première, c'est que l'excitation doit être demandée à une source indépendante des machines, accumulateurs ou machines à basse tension. Cette disposition a d'importants avantages au point de vue de la sécurité d'abord, elle restreint le courant de haute tension aux seuls anneaux induits dans lesquels il s'engendre, en sorte qu'il suffit de bien isoler ceux-ci, les inducteurs pouvant l'être avec un peu moins de perfection.

Le réglage peut alors se faire avec les rhéostats ordinaires et les procédés usités pour les machines à basse tension et sans plus de danger. Chaque machine porte deux circuits distincts, l'un sur ses inducteurs alimenté par la source à basse tension ; l'autre partant de son induit et se rendant aux barres de distribution générale.

Ces deux circuits aboutissent à un tableau de distribution sur lequel sont effectuées toutes les opérations de mise en marche, de réglage et d'arrêt.

Tableaux de distribution. — Nous représentons planche VIII le schéma d'un tableau de distribution tel qu'il est en usage dans l'usine de St-Ouen de la Société de la Transmission de la Force.

Chaque machine correspond à une section du tableau dont le nombre est égal à celui des machines génératrices. Le long de l'ensemble de ces sections courent quatre barres de distribution isolées. Deux barres forment le circuit général d'excitation, elles sont placées devant le tableau. De ces barres partent les circuits d'excitation des machines à haute tension dans lesquels sont intercalés un rhéostat M (que l'on manœuvre au moyen d'un contact glissant sur des touches placées sur le couvercle) ainsi qu'un interrupteur I et un ampèremètre A. Les deux autres barres constituent le circuit général de haute tension. Après avoir reçu sur chacune des sections les courants émanant de chaque machine, elles vont à l'extrémité du tableau rejoindre les circuits de transport. Ces barres, et généralement tous les conducteurs où passent les courants de haute tension, sont placés derrière le tableau, hors de tout contact possible.

Les conducteurs venant des machines à haute tension sont disposés comme il suit :

Le câble positif se rend au rhéostat à liquide placé derrière le tableau, De là,il va rejoindre la barre positive P.

Le câble positif se rend à un interrupteur I, de là traverse un appareil de sûreté, puis va rejoindre la barre générale négative N, en passant par l'ampèremètre A^1 qui donne l'intensité du courant fourni.

Pour achever la nomenclature des appareils de ce tableau, il reste à dire qu'à la partie supérieure est disposé un voltmètre rattaché à un commutateur à deux directions C qui permet de le placer soit sur le circuit général pris sur les barres PN soit sur le circuit de la machine.

Nous donnons d'après M. Frank Géraldy les opérations à faire pour mettre une machine en service ce qui montrera l'usage des divers appareils composant le tableau et faire ressortir leur utilité.

La section droite du schéma montre la position des appareils quand la machine correspondante est en fonctionnement.

Quand la machine est au repos (section gauche) les interrupteurs N et I, coupent le conducteur négatif ainsi que le circuit d'excitation ; le rhéostat liquide est relevé.

Supposons qu'il s'agisse de mettre en circuit la machine 2 ; celle 1 étant déjà en marche les barres PN ont entre elles la différence de potentiel normale.

L'agent pousse la réglette commandant les deux interrupteurs N et I produit ainsi l'excitation du champ et la fermeture du câble négatif de la machine. Le commutateur de droite C est dans la position B ; en sorte que le voltmètre indique le potentiel des barres PN ; l'agent observe ce potentiel, puis met le commutateur dans la position B', c'est-à-dire sur la machine ; il faut alors mettre celle-ci en mouvement. Lorsqu'elle a atteint sa vitesse, il saisit la manivelle qui agit sur le secteur S et commence à abaisser le rhéostat à liquide.

Aussitôt que cet appareil touche l'eau, il s'arrête un instant ; le voltmètre V indique alors le potentiel de la machine ; l'agent s'assure que ce potentiel est bien égal à celui qu'il vient de constater sur les barres PN ; s'il en est autrement, il agit sur le rhéostat d'excitation M jusqu'à ce que ce résultat soit atteint. Alors il continue d'abaisser le rhéostat, tout en observant les appareils, et si rien d'anormal ne se manisfeste, il le met à fond, fermant ainsi le circuit de la machine sur les barres PN.

Pendant cette dernière opération, le voltmètre V n'a pas dû bouger, le potentiel n'étant pas modifié par la rencontre d'un potentiel égal ; l'ampèremètre A^1 a dû également rester à peu près immobile, la machine ne pouvant donner d'intensité, puisqu'elle entre dans le circuit sans différence de potentiel.

Il suffit pour achever, d'agir sur le rhéostat d'excitation M de manière à augmenter le champ magnétique de la valeur nécessaire. L'entrée d'une machine nouvelle peut entraîner une correction sur le champ magnétique des machines déjà en travail sur le circuit ; en pratique cette correction est légère et s'opère après la mise en marche.

La disposition des interrupteurs et du rhéostat à liquide de mise en marche est telle qu'elle évite toute possibilité d'erreur dans l'ordre des manœuvres.

La réglette commandant les deux interrupteurs I et N oblige à fermer les premiers le câble négatif ainsi que le circuit d'excitation, afin que le rhéostat à liquide seul puisse donner le courant. Si l'on examine le schéma, on remarquera que dans la position de repos, le secteur S qui conduit le rhéostat est relevé ; en même temps, les interrupteurs I et N étant ouverts, la réglette est repoussée vers la gauche. Ainsi placée elle passe sous le secteur S en sorte qu'il est impossible de mouvoir celui-ci et de l'abaisser vers la position S′ avant d'avoir poussé la règle vers la droite, et par conséquent opéré la fermeture du câble négatif et du champ magnétique.

Les différentes manœuvres sont ramenées aux procédés employés avec les courants de basse tension. Mais la présence du rhéostat à liquide permet d'opérer d'une façon graduelle, de ne donner les fermetures qu'à travers les résistances, en sorte que la manœuvre peut être observée et à chaque instant interrompue si quelque chose d'anormal se manifeste.

La seule condition, c'est de bien opérer avec les précautions voulues et surtout dans l'ordre indiqué, ce qu'on assure à l'aide de dispositifs automatiques.

Appareils de sécurité. — Les seuls accidents auxquels on doive parer sont l'élévation excessive du courant dans les machines et le renversement du courant par suite de la suppression de leur champ magnétique ou de leur arrêt. Elles doivent être protégées contre une élévation de courant par des plombs fusibles. Ceux employés par la Société de la Transmission de la Force présentent cette particularité que leur fusion ne rompt pas le circuit comme cela se fait dans les systèmes à basse tension ; cette rupture serait difficile et dangereuse.

La fusion du plomb introduit une résistance liquide ; à cet effet le fil fusible réunit deux plaques de tôle immergées dans une cuve d'eau à distance convenable. La rupture du fil met en circuit les plaques et le liquide qui les sépare.

Pour éviter le renversement du courant on intercale dans le circuit de chaque machine un électro-relais qui fonctionne avant qu'il n'y ait renversement du courant et qui ferme le circuit d'un électro-aimant lequel est placé sur le circuit de basse tension afin qu'on puisse lui demander un effort notable. Il agit sur une armature qui détache le rhéostat à liquide de sa manette, au moyen d'un déclenchement ; celui-ci sous l'action de son contrepoids, se lève aussitôt et coupe le circuit. De cette manière le circuit ne peut rester fermé si le courant de haute tension devient nul. Cette disposition employée par la Société de la Transmission de la Force fonctionne très bien ; il rompt avec certitude lorsque l'intensité descend au-dessous de 1/2 ampère.

Canalisation primaire. — Toutes les fois que la distance à franchir ne sera pas très grande il sera préférable d'avoir recours à des forces électromotrices donnant toute sécurité ; la dépense est un peu augmentée mais les risques sont de beaucoup diminués.

On peut aller jusqu'à 6.000 volts pour les distances extrêmes, mais on se souvient encore des accidents répétés qui se produisirent lors des expériences que M. Marcel Deprez fit entre Creil et Paris.

Il est plus prudent de ne pas dépasser 3.000 volts et même 2.400 volts comme le fait actuellement la Société de la Transmission de la Force, toutes les fois que la distance ne dépasse pas 10 kilomètres.

Les lignes sont généralement établies aériennes en dehors des villes et souterraines à l'intérieur.

Suivant la position relative des sous-stations et de la station centrale génératrice il y aura lieu soit d'installer une ligne spéciale pour chaque station réceptrice, soit une ligne unique aboutissant à un point central d'où partira une ligne spéciale pour chacune des stations réceptrices.

Pour parer à toute interruption pouvant provenir de la rupture d'un câble, il est toujours préférable de subdiviser en plusieurs circuits les lignes alimentant chaque sous-station. Ainsi chaque sous-station peut être alimentée par 2 ou 3 circuits parallèles réunis en quantité à leur arrivée sur des barres de distribution auxquelles sont reliés les induits des réceptrices.

Une combinaison particulière a été adoptée par la Société de la transmission de la Force. Pour installer le conducteur aérien entre la station centrale établie de St-Ouen à Paris, on dut subdiviser la ligne ; un seul câble eut été trop lourd. Dès lors, puisqu'on disposait de plusieurs fils, rien n'empêchait d'en affecter un certain nombre au service de chaque sous-station. A l'arrivée dans Paris, au point où les lignes divergent, on a installé une cabine de commutation qui permet de mettre les lignes sur telle direction qu'on veut, et de les combiner au mieux des besoins selon les moments.

Sous-stations. — Les lignes alimentant chaque sous-station doivent aboutir à leur arrivée dans une armoire vitrée hermétiquement fermée, qui renferme autant d'interrupteurs bipolaires que la ligne est composée de circuits. Ces interrupteurs sont disposés pour ouvrir les circuits pendant les périodes de non fonctionnement de la sous-station, afin de ne pas laisser le courant de haute tension sur le tableau et éviter des accidents ou des fausses manœuvres.

En sortant des interrupteurs les lignes doivent se rendre aux barres de distribution du tableau.

La planche IX montre le schéma d'un tableau de distribution de sous-station.

Ce tableau est presque identique à celui employé à la station centrale, aussi ne donnerons-nous aucune nouvelle explication sur sa composition.

Les appareils de sécurité destinés à rompre le circuit automatiquement sont seuls supprimés.

Pour la mise en marche d'une réceptrice, on pousse la réglette de manière à fermer le câble négatif et le circuit d'excitation. Ensuite on abaisse lentement le rhéostat à liquide jusqu'à ce qu'il arrive à fond, fermant ainsi le circuit de la réceptrice.

On règle ensuite sa vitesse à la valeur voulue en augmentant l'intensité du champ magnétique à l'aide du régulateur.

L'excitation préalable des réceptrices est due au courant des batteries d'accumulateurs placées dans la sous-station.

Distribution en dérivation avec deux machines seulement.

Quand la distribution d'énergie doit être effectuée à l'aide de deux dynamos seulement, il est plus simple de faire usage de deux dynamos excitées en série qui permettent, comme nous l'avons déjà dit plus haut, d'obtenir une vitesse sensiblement constante aux réceptrices quelle que soit la charge, la vitesse des génératrices étant constante. Ce mode de transmission indiqué par M. Kapp et appliqué par M. Brown qui est arrivé à réduire les variations des moteurs à 2 0/0, entre la marche à vide et la marche à pleine charge, a reçu récemment une application pour l'éclairage des diverses parties de la gare de Calais.

Nous emprunterons à l'*Electricien* la description de ce procédé : Pour simplifier la construction, les carcasses des machines et l'enroulement des induits sont les mêmes pour les génératrices et les réceptrices. Les enroulements des inducteurs et les vitesses angulaires seuls diffèrent.

Soient $\varepsilon = \varphi\,(nI)$ la force électromotrice de l'induit en fonction des ampères tours d'excitation, pour une vitesse angulaire de 1 tour par minute.

Soient : N, le nombre de tours par minute de la génératrice, n le nombre de tours de fil de son excitation.

N' le nombre de tours par minute de la réceptrice, n' le nombre de tours de fil de son excitation, R la résistance de tout le circuit.

On a pour une valeur quelconque de I :

$$N\varphi\,(nI) = RI + N'\varphi\,(n'I).$$

N est constant, du fait de la machine à vapeur, on ne pourrait donc avoir N' constant que si les fonctions $\varphi\,(nI)$ étaient des droites. On se contente donc de faire que les deux courbes $\gamma = N\varphi\,(nI)$ et $\gamma' = N'\varphi\,(n'I) + RI$ (N' étant considéré comme constant) se coupent en deux points, et cela en faisant $n' > n$ et $N > N'$. En construisant les courbes et par tâtonnements, on arrive assez bien à trouver les valeurs de n, n', N' les plus favorables. Le résultat est alors celui-ci : A mesure que la charge sur les réceptrices augmente, la vitesse décroît d'abord, croît ensuite, puis finalement décroît. On s'arrange pour ne pas avoir plus de 2 à 3 0/0 de variation de vitesse entre la charge nulle et la charge maxima.

Dans l'installation exécutée à Calais, le rapport $\frac{n'}{n} = \frac{5}{4}$; il y a 5 couches de fil aux réceptrices et 4 aux génératrices.

Distribution en série.

Système appliqué à Chelsea (1). — L'usine centrale de distribution de l'énergie électrique établie à Chelsea (Londres) fait usage d'une distribution par accumulateurs semblable à celle décrite dans le chapitre précédent.

Chacune des sous-stations est en outre complétée par un transformateur à courant continu dont le rôle est multiple. Ce transformateur peut, en effet, et suivant les besoins ;

1° Apporter un supplément de puissance aux sous-stations pendant les heures les plus chargées du service d'hiver.

2° Réduire le courant de décharge des accumulateurs pour les journées dont l'éclairage est d'une longueur exceptionnelle.

3° Se substituer momentanément à l'une ou aux deux batteries établies dans chaque sous-station, en cas de réparation à ces batteries.

Les transformateurs sont établis pour absorber normalement 70 ampères et 600 volts dans le circuit primaire, et se substituer à 4 batteries d'accumulateurs. Le circuit secondaire fournit 100 volts et une intensité de 320 ampères.

Les transformateurs se composent d'un inducteur du

(1) Description empruntée à l'*Electricien* du 16 avril 1890.

type supérieur et d'un induit à tambour à double enroulement, chacun des enroulements communiquant avec un collecteur spécial. Les inducteurs sont reliés à la basse tension fournie par le circuit secondaire. La vitesse normale est de 1000 tours par minute et la canalisation de charge est à une différence de potentiel d'environ 2,200 volts à ses extrémités.

La force électro-motrice aux bornes secondaires du transformateur est réglée à une valeur un peu élevée, de façon que le transformateur travaille toujours à pleine charge. Le nombre des spires des deux enroulements est établi, à cet effet, dans le rapport de 5,4 à 1. Dans ces conditions de fonctionnement, nécessitées d'ailleurs par le fait que le transformateur est alimenté par un courant constant ou sensiblement tel, la machine à vapeur, la dynamo et le transformateur travaillent toujours à pleine charge, ce qui est avantageux au point de vue de leurs rendements respectifs.

Pour mettre le transformateur en marche, on commence par rompre le circuit primaire, on relie ensuite le circuit secondaire aux accumulateurs. Le transformateur fonctionne alors comme un moteur marchant à vide et prend rapidement une vitesse angulaire voisine de sa valeur normale. On ferme alors le circuit primaire, ou, plutôt, on intercale le circuit primaire dans le circuit général. Ceci a pour effet d'augmenter un peu la vitesse angulaire de l'armature, ainsi que la force électro-motrice engendrée par le circuit primaire. Le courant traversant l'armature change de sens et devient générateur, le courant traversant le circuit primaire produisant le couple moteur.

On conçoit que, dans ces conditions, l'équilibre de vitesse angulaire qui s'établira soit tel que les intensités des courants traversant les deux enroulements soient en raison inverse de leurs nombres de spires. Il est donc matériellement impossible que le transformateur fonctionne autrement qu'à pleine charge. Cela ne présente aucune difficulté lorsque l'appareil alimente un éclairage public dont le nombre de lampes en fonctionnement est invariable ou est relié à des accumulateurs montés en dérivation. Dans ce dernier cas, si à un moment donné, la dépense dans la canalisation est inférieure à la production du transformateur, l'excès de production sert à augmenter la charge des accumulateurs. Dans le cas où le transformateur serait appelé à fonctionner sans accumulateur en dérivation, il sera indispensable de prévoir un rhéostat de compensation qui maintienne le débit constant dans le circuit secondaire, malgré les variations de la consommation. C'est là une complication qui rend l'emploi des transformateurs à courant continu et constant en tension solidaires de l'emploi des accumulateurs, lorsqu'il s'agit de réaliser une distribution à potentiel constant et à intensité variable.

Distribution Bernstein. — La figure 24 représente le

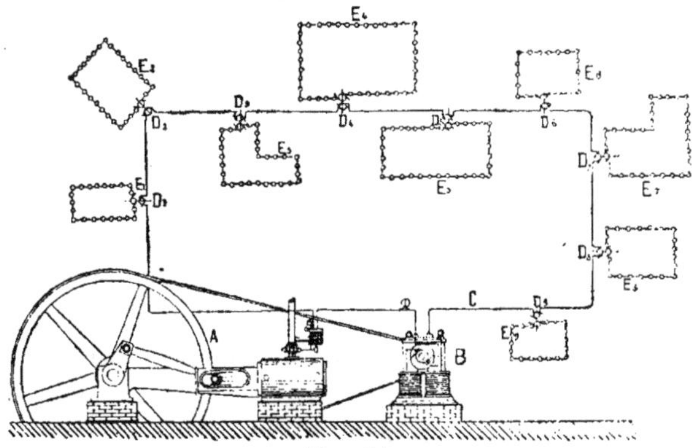

Fig. 24.

schéma de ce système de distribution. A est la machine à vapeur pourvue d'un régulateur électrique semblable à celui employé par M. Bernstein dans son système de distribution directe en série, B la dynamo, C le conducteur primaire, D^1 D^2 D^3 etc., les transformateurs qui sont insérés sur le circuit primaire et placés chez les abonnés, E_1, E_2, E_3 etc. sont les circuits secondaires ou des abonnés dans lesquels les lampes ou autres appareils récepteurs sont groupés en série.

Dans ces transformateurs l'induit du moteur est composé de spires de fil épais tandis que l'induit de la génératrice est composé de spires de fil fin. Les deux induits sont entièrement séparés et chacun tourne dans un champ magnétique commun qui est excité par le courant primaire. L'axe supporte les deux armatures et tourne dans deux paliers pourvus de graisseurs automatiques.

La dépense d'huile est très faible en raison de la répartition uniforme de la pression sur les coussinets des paliers.

Voyons le fonctionnement de ce transformateur. La puissance électrique qui doit être fournie pour faire tourner l'armature primaire sous un champ de force constante et déterminée, dépend du courant dans cette armature. Le courant dans le circuit primaire est maintenu constant. La rotation est empêchée par le courant circulant dans l'armature secondaire et si on néglige les frottements qui absorbent une petite partie de cette force le courant dans l'armature secondaire équivalent à cette force dépend du nombre des spires de fil sur l'armature secondaire. Cette proportion étant réalisée, un courant constant dans le circuit primaire produit un courant constant dans le circuit secondaire. La force électro-motrice du courant secondaire dépend du nombre de révolutions de cette armature. Sous ces circonstances voici ce qui va se passer. Si par exemple le courant primaire est de 50 ampères et que les armatures sont construites de telle façon qu'un courant de 50 ampères dans l'armature primaire est contrebalancé par un courant de 10 ampères dans la seconde armature ; le transformateur prendra la vitesse produisant les 10 ampères dans le circuit secondaire parce que seulement dans ce cas l'état d'équilibre est obtenu. Si l'on suppose qu'avec 100 révolutions par minute et 10 ohms de résistance dans le circuit la force électro-motrice est de 100 volts et l'intensité de 10 ampères, l'addition d'une résistance de 10 ohms dans le circuit fera augmenter la vitesse du transformateur à 200 révolutions vitesse à laquelle il produira un courant de 200 volts et 10 ampères. Le contraire aura lieu si l'on éteint des lampes. Le transformateur possède donc le grand avantage de prendre une vitesse toujours proportionnelle au nombre de lampes allumées. Cette propriété a été utilisée par M. Bernstein pour réaliser un compteur d'énergie très simple constitué par un enregistreur du nombre de tours du transformateur.

En outre, les transformateurs aussi bien que la dynamo génératrice, n'exigent pour ainsi dire aucune surveillance, car les balais ont un calage invariable. Ainsi M. Bernstein pense que les transformateurs peuvent être laissés pendant des semaines sans surveillance et qu'une visite mensuelle de l'agent chargé du relevé des compteurs est suffisante. A notre avis l'emploi des transformateurs à courants continus, disposés chez les clients, offre certains inconvénients. D'abord le rendement des transformateurs de faible puissance est mauvais; en second lieu, les chances d'extinctions augmentent en raison directe du nombre de transformateurs en série, et, enfin, ces appareils se trouvent à la portée d'abonnés inexpérimentés, qui peuvent chercher à réparer eux-mêmes les avaries survenues.

Comme la continuité du circuit dépend du contact des balais sur le collecteur primaire M. Bernstein dispose en dérivation sur les bornes primaires du transformateur, un appareil de sûreté à haute résistance, et qui a pour but de mettre en court-circuit l'armature primaire qui ne fonctionnerait pas.

M. Bernstein revendique pour ce système les avantages particuliers suivants :

1° Possibilité d'éclairer économiquement à grande distance ;

2° Régularisation automatique parfaite ;

3° Conduite facile de l'usine centrale ;

4° Conducteurs de distribution à dimensions très réduites ;

5° Danger d'échauffement des fils tout à fait écarté ;

6° Lampes à rendement maximum.

DISTRIBUTION PAR TRANSFORMATEURS A COURANTS ALTERNATIFS.

Principe de la distribution. — Elle consiste comme on sait à produire des courants alternatifs de haute tension à l'usine centrale et à réduire cette tension aux points d'utilisation au moyen d'appareils d'induction appelés transformateurs.

Avantages. — Ce système de distribution possède de très grands avantages, aussi les applications s'en sont-elles beaucoup multipliées et particulièrement à l'étranger.

La transformation du courant alternatif de haute tension en courant de basse tension s'obtient avec grande facilité dans des appareils fort simples ne comportant aucune pièce en mouvement et par conséquent n'exigeant aucune surveillance et n'étant susceptibles d'aucun dérangement une fois bien établis. On les construit pour donner tous les voltages que l'on désire et particulièrement ceux de 55, 110, 150 et 200 volts qui sont les plus employés.

Les transformateurs permettent d'alimenter les bougies Jablockoff par grand nombre en tension et d'apporter une grande économie dans le prix de l'installation.

On peut les établir n'importe où à portée de la main, ils ont un rendement très élevé, 90 à 96 0/0 à pleine charge, et qui ne diminue pas beaucoup lorsqu'ils travaillent à faible charge.

Les machines alternatives qui les alimentent sont également et grâce aux perfectionnements apportés dans leur construction ces dernières années, d'un rendement très élevé, d'une surveillance et d'un emploi faciles.

Des recherches récentes ont aussi permis de construire des moteurs à courants alternatifs donnant entière satisfaction et dont le rendement atteint 80 0/0, mais il est encore impossible d'appliquer le courant alternatif à l'électro-chimie, par exemple à la charge des accumulateurs qui permettaient une certaine indépendance entre la production et l'utilisation. On peut, il est vrai, pour les applications qui exigent des courants continus, tourner la difficulté en actionnant une dynamo à courants continus par un moteur à courants alternatifs, ce qui constituerait un transformateur tournant qui, bien qu'alimenté par un courant alternatif, fournirait un courant continu.

Il convient cependant de faire remarquer que l'impossibilité d'emploi des accumulateurs n'empêche pas les usines électriques à courants alternatifs, d'assurer la fourniture du courant d'une manière absolument régulière. Grâce à l'emploi de dynamos associées en quantité et mues par des moteurs indépendants, ainsi qu'à la précaution de faire marcher à vide un groupe moteur-dynamo de réserve, le personnel de ces usines est arrivé à éviter complètement tout arrêt même momentané de la distribution.

Les courants alternatifs fournissent donc une solution presque aussi générale que les courants continus et ont pour eux le bénéfice de la simplicité et du bon rendement de leur mode de transformation.

Pour les villes où la densité de l'éclairage est très grande, c'est-à-dire celles où l'éclairage est réparti sur une très faible surface, la distribution par transformateurs à courants alternatifs est en lutte avec les distributions en série par accumulateurs et les distributions par transformateurs à courants continus.

Pour les villes où la densité de l'éclairage est très faible, nul autre mode de distribution ne paraît mieux convenir que celui par transformateurs à courants alternatifs, surtout si les canalisations aériennes sont autorisées.

Distribution en série.

Dans ce système, fig. 25, récemment préconisé par la Cie Westinghouse, tous les circuits primaires des transformateurs sont groupés en série, ce qui permet d'éviter les potentiels élevés de pénétrer dans les maisons. Ce système a également pour effet de produire une légère tendance au réglage des lampes à arc.

Dans un éclairage à arc réalisé à New-York il y a trois et cinq lampes à arc alimentées en série par un seul transformateur. Cet éclairage est alimenté par une machine à courants alternatifs fournissant une intensité constante de 30 ampères sous une différence de potentiel variable avec le nombre de lampes à arc à desservir, mais qui peut atteindre 2.000 volts.

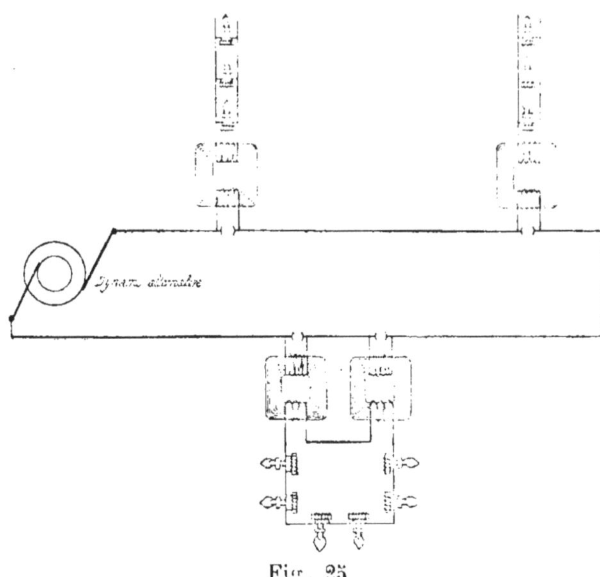

Fig. 25

Chaque lampe à arc absorbant environ 17 volts sur le circuit primaire, les transformateurs ont donc pour objet de réduire l'intensité et d'augmenter la différence de potentiels.

Il a fallu paraît-il modifier certaines conditions de fonctionnement des transformateurs employés jusqu'ici pour obtenir des résultats satisfaisants. C'est ainsi, par exemple, que la fréquence qui était de 133 périodes par seconde dans les appareils à potentiel constant a été réduite à 65 afin d'éviter un trop grand échauffement du mécanisme des lampes et de réduire leur ronflement. Des dispositions ont aussi été prises pour qu'aucun transformateur ne se trouve en circuit ouvert ; on éteint une lampe quelconque en la mettant en court-circuit. La dépense d'énergie est alors négligeable dans le circuit secondaire, vu la faible résistance de ce dernier, et, par suite, la puissance absorbée par le circuit primaire devient très minime.

Les lampes peuvent aussi être employées sans résistances additionnelles ni bobines à réaction, puisque le contact accidentel des charbons n'accroît pas sensiblement le courant qui les traverse.

Ce système procure, comme tous les groupements en série, une économie considérable de cuivre dans les conducteurs mais il conduit à des tensions élevées et, ce qui est plus grave, il rend tous les appareils, transformateurs et récepteurs, solidaires les uns des autres.

Ce système de distribution pourrait également être appliqué à l'alimentation simultanée de l'éclairage public et de l'éclairage privé d'une ville, mais on ne voit pas beaucoup l'avantage qu'il y a à l'installer dans les usines qui emploient déjà les courants alternatifs avec transformateurs groupés en quantité, comme le pratique la Cie Westinghouse.

En outre lorsqu'une grande partie des transformateurs sont supprimés du circuit, la dynamo fonctionne dans de très mauvaises conditions de rendement.

Distribution en dérivation.

C'est surtout dans le but d'éviter la solidarité des transformateurs et lampes que l'on a recours à la distribution en dérivation (fig. 26). Dans ce système, tous les circuits

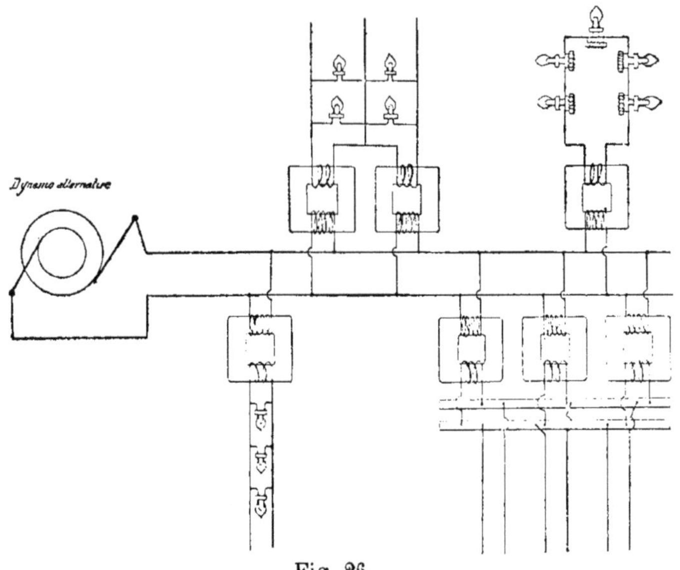

Fig. 26.

primaires sont pris en dérivation sur les conducteurs reliés directement à la machine. Le rapport des tensions primaires et secondaires des transformateurs étant sensiblement constant, il suffit de maintenir une différence de potentiel sensiblement constante aux bornes primaires pour obtenir une tension constante aux bornes secondaires.

Comme il est facile de réduire autant qu'on le veut la perte dans la ligne primaire, on branche généralement les transformateurs sur le circuit principal, mais quand le nombre en est considérable et le réseau très étendu, on emploie les mêmes dispositifs que pour les courants continus à basse tension et particulièrement des feeders alimentant un réseau circulant dans le voisinage immédiat des transformateurs.

Quand le potentiel de la station atteint des valeurs très élevées, 10.000 volts comme à Depfortd, on transforme le courant deux fois comme on le voit en BCC′ (fig. 27).

Afin d'éviter les accidents à la station centrale, on peut faire l'emploi d'une dynamo alternative à basse tension et de transformer ensuite le courant au moyen d'un ou plusieurs transformateurs de grandes dimensions (A fig. 27).

Distribution simultanée en dérivation par transformateurs et en série sans transformateurs.

On peut employer simultanément ces deux systèmes de distribution dans les stations centrales devant alimenter l'éclairage privé et l'éclairage public.

Les transformateurs destinés à l'éclairage privé sont montés comme d'ordinaire en dérivation sur le circuit primaire et réduisent le potentiel à 50 ou 100 volts. Pour l'alimentation de l'éclairage public on constitue des dérivations sur lesquelles on intercale les lampes en série, un interrupteur, un tableau contenant cinq lampes de secours, un rhéostat à résistance variable et un ampèremètre.

Dans le cas où une lampe vient à être mise hors d'usage, le ferme circuit placé dans cette lampe fonctionne aussitôt et en même temps le surveillant remarque à la lecture de

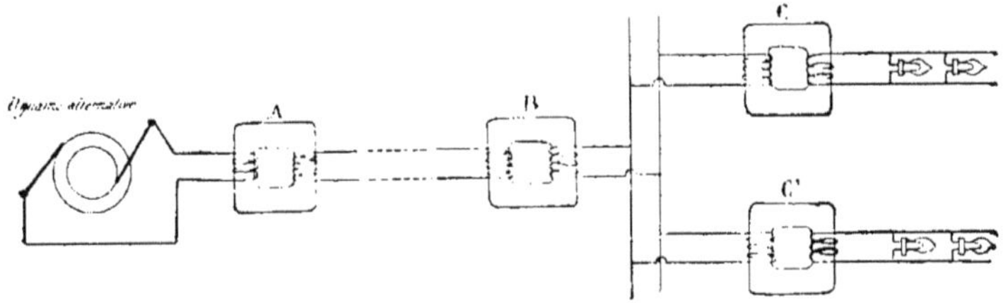

Fig. 27.

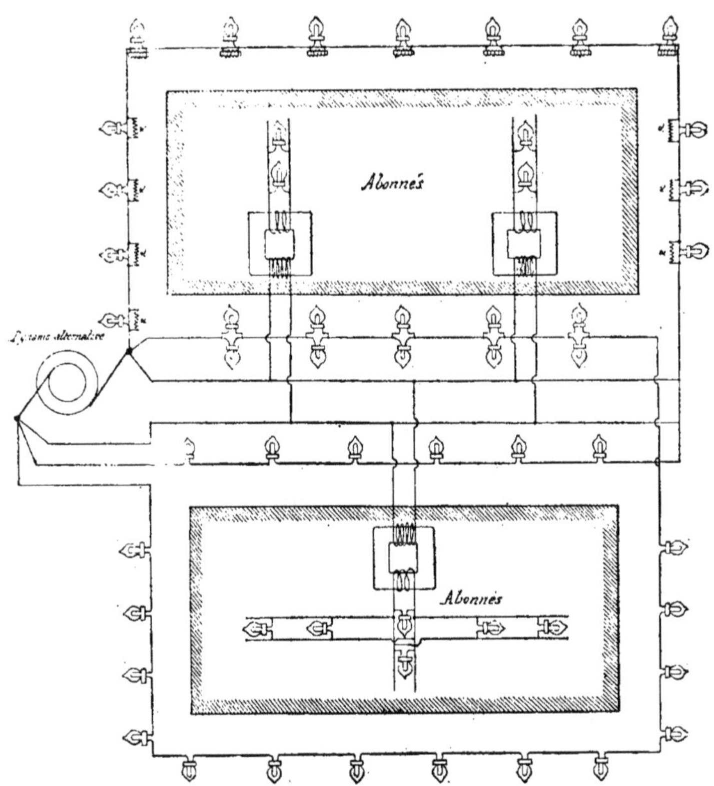

Fig. 28.

l'ampèremètre que l'intensité a monté. Il met aussitôt une des lampes de secours en circuit ou intercale une résistance de manière à ramener l'intensité à sa valeur normale.

Si l'on veut éviter le réglage à l'usine, on dispose dans chaque lanterne deux lampes de manière que si la première s'éteint pour quelque cause que ce soit, la deuxième soit mise automatiquement sur le circuit de manière à maintenir constante la résistance du circuit.

Une autre disposition permet aussi une marche parfaite de ce genre de distribution. Elle consiste à intercaler une bobine à self-induction en dérivation sur les bornes de chaque lampe. Ces bobines sont simplement formées de spires de fil enroulées sur un noyau de fer doux. Par suite de la force contre électromotrice qu'elles développent, ces bobines absorbent très peu de courant lorsque la lampe fonctionne. Leur résistance est d'ailleurs assez faible : 1 ohm pour une lampe de 50 ohms. Quand la lampe est mise hors circuit ou quand elle se brise, un courant presque aussi considérable continue à traverser le circuit total. Quand plusieurs lampes se trouvent hors circuit, on s'aperçoit alors seulement d'une petite diminution de l'intensité lumineuse de celles qui restent allumées.

Le nombre de circuits de lampes en tension et celui des transformateurs en dérivation pouvent être variés à volonté, suivant les proportions relatives de l'éclairage public et de l'éclairage privé jusqu'à concurrence de l'intensité maxima que peut fournir la machine alternative.

L'éclairage municipal ainsi disposé permet de réaliser une grande économie sur la canalisation et supprime la dépense inhérente à l'emploi des transformateurs qui sont en effet inutiles, toutes les lampes municipales étant allumées ou éteintes à la fois. On peut de plus les éteindre ou les allumer suivant les alternatives de clairs de lune et de temps couvert, ce qui permet encore de réaliser de grandes économies sur les frais d'exploitation.

Ce système de distribution pourra toujours être employé avec profit lorsqu'il s'agira d'éclairer de petites villes assez peu importantes pour qu'une seule machine puisse faire le service et que les points extrêmes de la canalisation seront cependant assez éloignés pour qu'il soit impossible d'avoir recours à une distribution directe à 100 ou 200 volts.

Machines à courants alternatifs.

Les machines à courants alternatifs de haute tension sont d'un maniement moins dangereux que celles à courant continu de haute tension, demandent moins de surveillance, aucun réglage des balais et offrent une sécurité de marche beaucoup plus grande.

Il est toujours préférable de choisir des machines dont l'induit, partie la plus sensible de la machine, est fixe, le transport du courant primaire de haute tension ayant lieu au moyen de bornes fixes, sans l'intermédiaire de contacts glissants, ce qui ajoute à la durée, à la sûreté du fonctionnement et à la sécurité du personnel chargé de l'entretien.

Pour les puissantes machines, il est important que l'on puisse s'assurer tous les jours du bon état de la partie tournante (supportant les bobines inductrices en général). Pour cela le tambour fixe doit être construit en deux pièces dont l'une peut être déplacée facilement sur glissières soit au moyen d'un levier, soit au moyen de vis de rappel.

En ce qui concerne le nombre d'alternances par minnte, certains constructeurs conseillent de préférer les machines ayant le moindre nombre d'inversions de pôles, car elles pré sentent de multiples avantages, au point de vue du rendement des machines et transformateurs, de la meilleure marche des moteurs et lampes à arc ainsi qu'au point de vue de la plus grande facilité obtenue pour le couplage en quantité des machines.

La seule circonstance qui pourrait déconseiller l'emploi de bas nombre d'alternances de courant, serait l'enchérissement des transformateurs, mais la différence est tellement insignifiante qu'elle ne peut être d'un très grand poids en présence des avantages signalés.

Excitation des machines à courants alternatifs.— Leur excitation peut être obtenue de trois manières différentes :

1° Au moyen d'un petit transformateur auxiliaire placé en dérivation sur le courant principal et qui ramène une partie de ce courant de haute tension à un potentiel convenable ; de ce transformateur, le courant se rend aux balais frottant sur un collecteur monté sur l'axe tournant de la dynamo et destiné à redresser le courant avant de l'envoyer dans les bobines inductrices.

2° Au moyen d'une ou plusieurs bobines induites spécialement réservées à cet effet. Les deux extrémités du fil de cette bobine se rendent aux deux balais du collecteur comme dans le cas précédent.

3° Excitation par une dynamo à courants continus séparée. Cette dynamo est actionnée par le même moteur au moyen d'une transmission spéciale ou par l'axe même de la machine à courants alternatifs, ce qui est plus économique et occupe le minimum d'emplacement. Ce mode d'excitation est adopté pour toutes les grandes machines et permet seul de grouper les dynamos en quantité sur un même réseau.

Dans les grandes stations centrales on a recours à des machines excitatrices commandées par des moteurs spéciaux ; elles sont groupées en quantité de manière à assurer la même excitation aux machines à courants alternatifs, et mises en circuit ou hors circuit, suivant le nombre de ces dernières en fonctionnement. Les excitatrices sont des machines en dérivation dont le réglage s'obtient en retirant ou en insérant des résistances dans le circuit d'excitation, la résistance de leur circuit principal restant cependant invariable.

Voici la raison pour laquelle les dynamos alternatives à collecteur ne peuvent pas être groupées en quantité. Le courant d'aimantation étant un courant alternatif, redressé plus tard, subit toutes les phases d'un courant de cette nature, c'est-à-dire qu'il passe par des maxima et minima en s'annulant à chaque passage, aussi bien pour les volts que pour les ampères, quoique à des moments différents pour ces deux quantités. Il arrive donc que si dans deux machines auto-excitatrices groupées en quantité les phases ne sont pas absolument concordantes, ces machines réagissent l'une sur l'autre et se désamorceraient rapidement. Cet inconvénient disparaît avec l'excitation indépendante et deux dynamos munies de cette dernière disposition se groupent très facilement en quantité.

Le courant d'excitation est en général un courant de faible tension. Quand les inducteurs sont mobiles le courant leur est transmis par deux balais frottant sur deux bagues circulaires ; dans ce cas, il n'y a aucun danger de toucher aux balais, quel que soit le mode d'excitation que l'on emploie. Lorsque l'induit est mobile, le courant est recueilli également par deux balais frottant sur deux bagues circulaires. Ce collecteur, en raison des hautes tensions qui y circulent, doit être à l'abri de toute atteinte, soit dans une cage vitrée.

Régulation des machines à courants alternatifs. — Lorsque la longueur de la canalisation primaire n'est pas très grande, on ne dépasse pas en général une perte de 2 0/0. On obtient ainsi une lumière d'une fixité absolue, sans être forcé d'avoir recours à des rhéostats de feeders ou de circuit. qui ne donnent qu'une régularité imparfaite et présentent le défaut capital d'absorber une quantité d'énergie souvent considérable. Bien souvent même, il suffit pour assurer le réglage d'un circuit, d'agir directement sur le moteur en supprimant toute surveillance sur la machine dynamo.

Lorsque la longueur de la canalisation primaire se chiffre par 5, 10, 15 kilomètres, on admet des pertes plus grandes et variant de 2 à 10 0/0. Il devient alors nécessaire, pour maintenir constante et indépendante du débit, la différence de potentiel utile au bout de chacune des lignes, de faire varier la force électromotrice de la machine génératrice, la faire augmenter avec le débit ou inversement diminuer avec le débit, afin de tenir compte de la perte de tension sur la ligne.

Dans certaines installations, on ramène en arrière des conducteurs indiquant à l'usine la pression aux bornes primaires des transformateurs. Dans d'autres, on préfère se servir de voltmètres à double enroulement.

A Rome et à Milan, les voltmètres employés ont un enroulement relié comme un voltmètre ordinaire aux bornes de la dynamo, tandis que l'autre est parcouru par le courant principal qui agit en sens inverse. La diminution de tension causée par ce deuxième enroulement est toujours égale à la chute de potentiel dans les fils d'alimentation.

Suivant les indications du voltmètre, l'excitation des machines à courants alternatifs est réglée en insérant ou retirant des résistances dans leur circuit d'excitation. Ce réglage peut être effectué à la main ou automatiquement. Dans quelques usines les grandes variations sont réglées à la main et les petites seulement, d'une manière automatique.

La figure 29 représente le dispositif de réglage automatique adopté dans le système Zypernowski et dont nous empruntons la description du fonctionnement à l'*Electricien*.

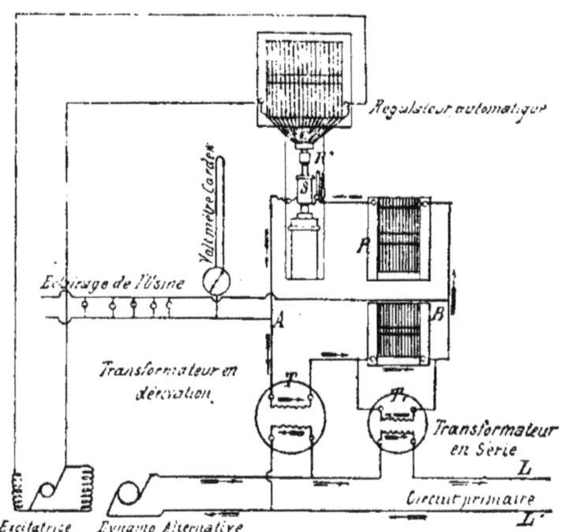

Fig. 29.

Les lampes éclairant l'usine sont alimentées par un transformateur spécial T dont le circuit primaire est monté en dérivation sur les lignes L et L′ et le circuit secondaire groupé en tension avec le circuit secondaire du transformateur-égalisateur T, dont le circuit primaire est lui-même intercalé sur la ligne L.

Supposons d'abord pour fixer les idées, qu'aucune lampe ne soit allumée au bout du circuit. L'intensité dans le circuit primaire est alors très faible, et l'égalisateur ajusté à l'aide de la résistance égalisatrice maintient les lampes de l'usine à leur éclat normal par l'effet combiné de la résistance égalisatrice montée en dérivation sur le secondaire de l'égalisateur E et de l'induction mutuelle des deux circuits de l'égalisateur de tension.

Lorsque l'intensité vient à augmenter dans le circuit primaire, par suite de l'allumage d'un certain nombre de lampes au bout de la ligne, le circuit primaire de l'égalisateur est traversé par un courant moyen plus intense qui réagit sur le circuit secondaire pour y développer une force contre-électromotrice, ce qui a pour effet de diminuer l'intensité moyenne dans le circuit primaire du transformateur T, de faire baisser la force électromotrice dans son circuit secondaire, et, par suite, le potentiel aux bornes du transformateur éclairant l'usine. Pour que le potentiel reste constant aux bornes A et B, il faut donc que la différence de potentiel moyenne entre les deux fils à l'usine, augmente en fonction du débit. En proportionnant convenablement le transformateur, l'égalisateur et la résistance intercalée dans le rhéostat, on peut obtenir qu'entre les limites pratiques de fonctionnement, il suffise de maintenir une différence de potentiel moyenne constante entre les points A et B pour compenser exactement les pertes de charge sur la ligne, correspondantes à chaque débit. Ce résultat est obtenu à l'aide d'un rhéostat automatique dont l'action a pour effet de faire varier l'excitation de l'excitatrice. A cet effet, on établit entre les points A et B un circuit composé d'une résistance R, d'un solénoïde S et d'une résistance d'ajustement R'. Ce solénoïde attire plus ou moins un noyau de fer doux, formé d'une lame très mince, et qui, par son déplacement, intercale dans le shunt de l'excitatrice une résistance variable. Si le potentiel moyen entre A et B tend à diminuer, l'excitation augmente ainsi que la force électromotrice de la machine génératrice ; l'effet inverse se produit si le potentiel entre A et B tend à augmenter, par suite de l'extinction d'un certain nombre de lampes au bout de la ligne.

En résumé, les lampes éclairant l'usine et alimentées par le transformateur T fonctionnent exactement au même potentiel que les lampes établies en ville, comme si leur circuit primaire était attaché au bout de la ligne par des conducteurs sans résistance.

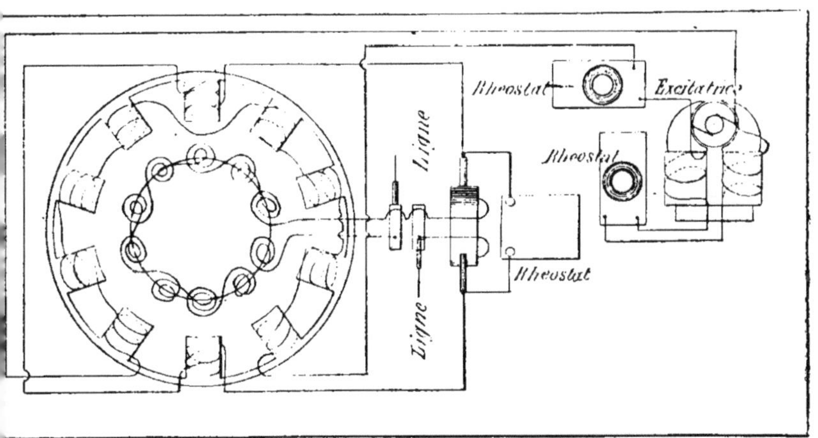

Fig. 30.

La Compagnie Thomson-Houston emploie le système de réglage dont la fig. 30 montre les communications.

L'excitation de la dynamo est composée, c'est-à-dire qu'elle comporte deux enroulements, comme les dynamos compound à courant continu. La machine excitatrice est enroulée en dérivation et possède deux rhéostats, l'un dans le circuit principal, l'autre dans son circuit d'excitation. Ce dernier rhéostat a pour but de permettre de grandes variations de l'excitation dans le cas de variations brusques de la charge.

Le courant principal produit par l'excitatrice traverse les 10 inducteurs, à l'exception de deux bobines placées aux extrémités d'un même diamètre. Ces deux bobines sont excitées par une partie du courant produit par la machine alternative ; à cet effet le courant arrive d'abord à un commutateur fixé sur l'axe, en avant du collecteur. Ce collecteur porte une paire de balais et le commutateur deux paires. Entre les bornes du collecteur est monté un shunt dont le but est de parer aux variations de potentiel sur la ligne, et ce rhéostat est ajusté de façon à compenser ces variations à 4 % près. Le reste du courant produit par la machine alternative passe par le collecteur et va de là au circuit extérieur. Cet enroulement composé rend la machine alternative auto-régulatrice, mais lorsque la charge subit des variations brusques, lorsqu'on éteint la moitié des lampes à la fois, par exemple, il faut alors aider au réglage en agissant sur les deux rhéostats disposés sur l'excitatrice. Ces rhéostats permettent également un arrêt très rapide du courant sans rupture du circuit primaire, par la suppression de l'excitation.

Lorsque les machines alternatives fonctionnent en quantité sur un réseau commun, le maintien constant du potentiel à l'extrémité des feeders peut être réalisé soit par des résistances métalliques, soit par des solénoïdes à grande self induction et dont l'introduction du noyau de fer doux est variée à la main ou automatiquement, soit encore au moyen d'un transformateur ainsi disposé : Le circuit primaire de ce transformateur est relié aux deux bornes de la dynamo et le circuit secondaire divisé en un certain nombre de sections est traversé par le courant qui alimente le feeder. La force électromotrice induite dans ce circuit est de même sens que celle de la machine et les dimensions de l'appareil sont telles que la force électromotrice additionnelle compense la perte de charge correspondante au débit maximum du feeder. A mesure que le débit du feeder diminue, on supprime un nombre convenable de sections du circuit secondaire au moyen d'un commutateur, de façon à réduire la f. e. m. auxiliaire à la valeur nécessaire pour compenser la perte de charge dans le feeder, dont l'extrémité peut ainsi être maintenue à un potentiel constant.

Mise en service des machines à courants altertifs. — Pour équilibrer la production avec la consommation quand celle-ci augmente, on met successivement en service des dynamos qui restent inactives en temps de faible éclairage, ou bien on substitue une machine plus puissante à celle qui fonctionne. On peut encore, pour remplir le même but, constituer la distribution en plusieurs réseaux distincts, réunir ces réseaux aux heures de faible consommation, et les séparer en affectant une machine spéciale à chacun d'eux aux heures de la plus grande consommation.

Enfin, dans les usines importantes, les machines sont construites de telle sorte qu'il est possible et facile de les réunir en dérivation sur les câbles principaux de départ en remplissant toutefois certaines conditions qui vont être indiquées.

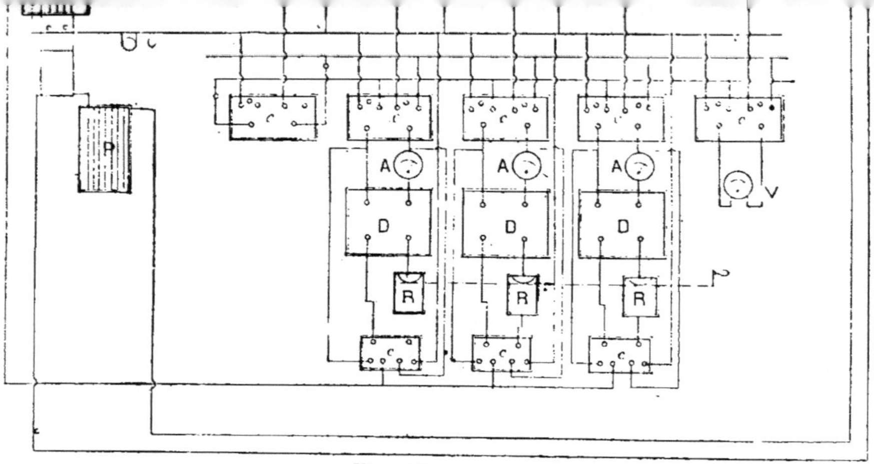

Fig. 31.

LÉGENDE

ZZZ	Dynamos à courants alternatifs.
DDD	— excitatrices.
R′R′R′	Rhéostats à main, à mouvement commun et séparé pour l'excitation de ZZZ.
RRR	— pour l'excitation de ZZZ.
CCC	Commutateurs doubles.
V	Voltmètre indiquant la f. e. m. du courant des exitatrices.
N	Régulateur automatique.
A′	Ampèremètre pour le courant principal alternatif.
T′T″	Egalisateurs.
T‴	Transformateurs pour N.
M	Résistance.

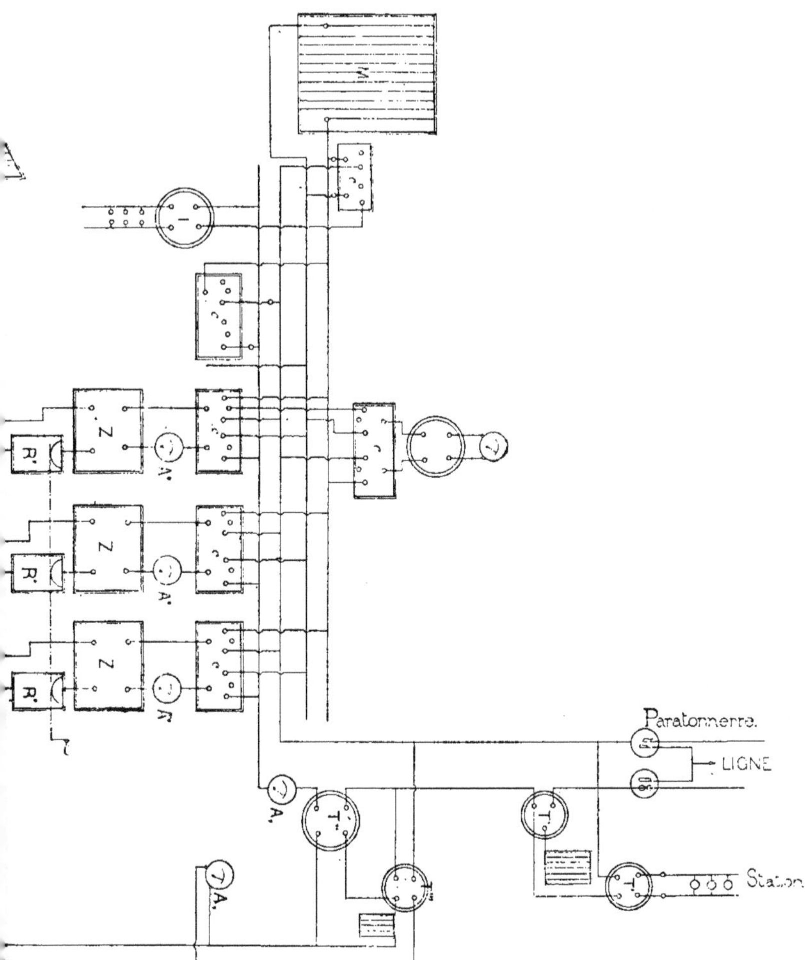
Paratonnerre.
LIGNE
Station

Ces conditions sont en partie d'ordre mécanique et en partie d'ordre électrique ; on doit également pour ce groupage prendre certaines précautions qui, si elles ne sont pas observées, peuvent donner lieu à des perturbations sérieuses.

En général, on ne peut grouper en quantité que les dynamos alternatives qui ont des changements de pôles égaux. Il en résulte que des machines dissemblables doivent avoir des nombres de tours choisis de telle sorte que le nombre des changements de pôles par minute soit le même pour toutes.

L'égalité des changements de polarité est une condition nécessaire mais non suffisante ; les phases des machines doivent encore se superposer, c'est-à-dire que le courant des machines doit alterner aussi bien pour l'une des machines que pour l'autre, son maximum en même temps.

On peut satisfaire à cette condition en couplant les machines exactement d'une façon rigide (par exemple en mettant les induits sur le même arbre). C'est un cas qu'on ne peut réaliser que rarement. Le plus souvent on y satisfait en disposant de telle sorte le mécanisme transmettant le mouvement du moteur aux dynamos. qu'une petite différence dans le nombre de tours peut être égalisée par lui, par exemple par le glissement des courroies.

Une autre condition est l'égalité de la tension aux bornes des machines à grouper en quantité. Car si une machine a une tension plus élevée que l'autre, la première enverra son courant dans la seconde, jusqu'à ce que sa tension, diminuée par ce supplément d'intensité fournie, devienne égale à celle de la seconde.

Dans ce cas, l'une des machines donne plus de courant qu'il n'en est consommé dans le circuit, soit le supplément que lui prend la seconde dynamo.

C'est là évidemment une perte, et éventuellement aussi une condition de marche qui peut devenir dangereuse pour la dynamo.

Quand deux machines à courants alternatifs, qui ont des changements de polarité et des tensions égales, mais qui travaillent sur des circuits séparés, viennent à être groupées en quantité sans qu'on fasse attention à la différence des phases des courants circulant dans les deux circuits, il se passe les phénomènes suivants :

Si le mécanisme moteur le permet, les deux machines se mettent en concordance de phases avec une secousse (qui peut amener la rupture de la courroie), l'une d'elles forçant l'autre à retarder un peu sa phase ; mais si le mécanisme ne le permet pas, l'une des machines sera actionnée par l'autre presque comme moteur, et par suite ne donnera pas de courant, mais en absorbera au contraire, et ce courant pris à la dynamo motrice en augmentera d'autant le débit. Il s'ensuit que la machine dont les phases précèdent celles de l'autre, doit fournir le courant pour les deux circuits et pour la dynamo mue, et peut ainsi dépasser de beaucoup les limites de la production normale.

Ainsi qu'il est dit plus haut, deux dynamos alternatives groupées en quantité tendent à faire concorder leurs phases, et, jusqu'à ce que cet état soit atteint, leur tension commune baisse, et le mécanisme moteur est soumis à de fortes épreuves. Ces faits ne se produisent pas quand on groupe en quantité les dynamos précisément au moment où leurs phases se superposent.

Il est donc important de déterminer cet instant avec précision, et le mieux est de recourir à cet effet à un signal optique. Par suite de la différence des phases, si on a commencé par relier directement entre elles deux bornes des machines, la tension entre les deux autres bornes des deux dynamos varie entre zéro et le double de la tension normale de l'une d'elles. Plus petite est la différence du changement des pôles et des phases, d'autant plus longue sera la phase de cette tension variable; résultant de l'interférence entre les deux autres bornes.

Si on réunit directement une borne de chaque machine et qu'on réunit les deux autres par exemple par une série de lampes à incandescence (mais disposée pour une tension double à celle d'une des machines), on verra ces lampes tantôt s'allumer et tantôt s'éteindre.

Elles brilleront du plus vif éclat au moment où il y aura entre les deux bornes qu'elles relient, la plus grande différence de tension; il s'en suit que l'on doit grouper les machines en quantité à l'instant où les lampes à incandescence ainsi disposées n'éclairent pas, car à ce moment les dynamos ont leurs phases concordantes. Pour des machines travaillant à haute tension, il serait trop coûteux d'employer ce procédé, car le nombre de lampes à incandescence nécessaire et l'énergie qu'elles consommeraient seraient trop considérables. Pour éviter cet inconvénient, on peut employer avantageusement un transformateur approprié. Ce transformateur peut n'être construit que pour un petit nombre de lampes, car il n'a pour effet que de recevoir du courant de haute tension et d'alimenter par son circuit secondaire deux lampes servant de signal.

Ainsi qu'on l'a expliqué plus haut, l'*indicateur de phases*, (ainsi nomme-t-on la disposition décrite), doit être établi pour une tension double de celle des machines, qu'il se compose de lampes à incandescence ou d'un transformateur.

On prend d'ordinaire le plus petit transformateur qui

puisse être avantageusement construit pour la tension correspondante ; ainsi pour des installations d'une tension primaire allant jusqu'à 1000 volts un transformateur d'une capacité maximum de 750 watts.

Pour des installations d'environ 2000 volts, on adoptera un transformateur construit pour 4000 volts.

Les dynamos à grouper en quantité devant avoir absolument la même tension aux bornes, il convient d'employer autant que possible le même voltmètre (réducteur). Il sera nécessaire d'installer à cet effet une disposition de prises de courant convenable.

La figure 31 résume l'installation d'une usine pourvue de trois dynamos à courants alternatifs et de trois excitatrices avec tous les détails pour leur accouplement respectif (système Ganz).

Nous n'avons pas parlé du groupage en série des machines alternatives parce qu'il n'a pas été reconnu nécessaire jusqu'alors en pratique et qu'il est du reste impraticable si les dynamos alternatives à coupler en tension ne sont pas manchonnées sur le même arbre.

Installation des machines alternatives. — Il importe d'abord que le bâti de la dynamo soit isolé soigneusement, que son armature soit parfaitement à l'abri de tout contact. Les fils de l'armature doivent être bien isolés et ne pouvoir toucher en aucune façon sur les électros entre lesquels elle tourne. Les fils de départ du collecteur pour le tableau demandent à être soigneusement isolés et à l'abri de toute atteinte. Il faut de plus qu'ils soient très visibles de façon à pouvoir retrouver le moindre défaut à une simple inspection. Il est de toute nécessité de mettre autour des machines et devant les tableaux de distribution des tapis en caoutchouc.

Tableaux de distribution et appareils accessoires

Tous les câbles et fils partant des machines sont conduits comme à l'ordinaire au tableau général de distribution installés d'une manière bien apparente, à l'abri de toute atteinte et recouverts de façon à ne laisser aucun point défectueux.

Tous les appareils que comporte le tableau de distribution, interupteurs, coupe-circuits etc., nécessaires pour assurer le bon fonctionnement de l'installation doivent être montés sur marbre ou porcelaine (condition indispensable afin d'éviter les dérivations par le bois humide). Tous les interrupteurs seront disposés pour couper les deux pôles à la fois. L'interrupteur principal de chaque machine doit être facile à manœuvrer, et doit permettre d'éviter toute étincelle à la rupture du circuit. On atteint facilement ce but en adoptant une disposition qui permette de couper le circuit d'excitation de la machine avant le circuit principal.

Tous les interrupteurs doivent être bi-polaires à pôles séparés et commandés par un même levier ou un même arbre, être à rupture rapide et construits de manière à couper l'étincelle de rupture en plusieurs points à la fois.

La longueur des fils fusibles doit être de 15 centimètres au minimum afin que le circuit soit parfaitement interrompu dès que la fusion se produit ; si les fils étaient plus courts, un arc pourrait se produire.

On emploie des coupe-circuits constitués par de longues poteries en grès, cloisonnées, dans lesquelles vient se loger un faisceau de fils fins en cuivre étamé. En cas de court-circuit accidentel sur la ligne, le faisceau de fils fond dans le tube en poterie et l'étincelle de rupture se trouve ainsi coupée et refroidie en plusieurs points à la fois et rapidement éteinte en un point absolument incombustible.

Dans d'autres modèles, le fil fusible est placé au centre d'un tube rempli d'un liquide approprié.

Pour les lignes aériennes, il est indispensable de disposer des paratonnerres sur chacun des conducteurs.

Les courants alternatifs exigent des instruments de mesure spéciaux. Tous peuvent également servir à la mesure des courants ordinaires, mais la réciproque n'est pas vraie.

Les plus employés de ces instruments sont les voltmètres et ampèremètres Hummel. Dans les installations importantes on peut adopter le voltmètré Cardew fondé sur la dilatation d'un fil métallique. C'est un bon instrument quoique très délicat; il peut être installé verticalement ou horizontalement.

On dispose également, en général un avertisseur de tension qui allume des lampes de couleurs ou d'intensités différentes suivant que le potentiel est trop élevé ou trop bas; une sonnerie avertit en même temps le mécanicien d'avoir à régler sa vitesse.

On munira les excitatrices des appareils de mesure, de sûreté, voltmètres, ampèremètres, coupe-circuits et interrupteurs que l'on emploie habituellement.

Pour éviter que par mégarde on ne puisse porter la main sur les divers appareils du tableau parcourus par le courant de haute tension ils seront protégés par des boîtes vitrées, ne laissant dépasser que les parties isolées avec soin, servant à la manœuvre de ces appareils.

Les mesures d'énergie se font au moyen d'un appareil

spécial appelé watts-mètre, semblable à un galvanomètre à torsion avec cadre mobile à fil fin et gros.

La planche X représente le schéma d'un tableau de distribution pour stations centrales, systèmes Ferranti, Thomson-Houston, etc.

Dans les installations isolées, si la vitesse du moteur est irrégulière il faut appliquer un régulateur automatique dans le circuit du champ magnétique destiné à maintenir la tension constante.

On peut opérer la recherche des défauts d'isolation d'un réseau parcouru par des courants alternatifs de haute tension sans interrompre le fonctionnement des machines en se servant du galvanomètre Thomson qui n'est pas influencé par les courants alternatifs.

Pour éviter que le courant alternatif qui le parcourera ne devienne trop intense et ne brûle tout, il est nécessaire d'intercaler, à la suite du galvanomètre, une bobine ayant un coefficient de self-induction très élevé de manière à permettre au courant continu de passer, mais à s'opposer au passage en excès du courant alternatif. En pratique on pourra prendre deux ou trois transformateurs dont on n'emploie que des fils fins en les mettant en série.

En prenant cette précaution la mesure peut s'effectuer sans trop de difficultés.

Réseau primaire

La perte consentie dans le réseau primaire doit être la moindre possible sans dépasser 10 0/0 pour les longueurs extrêmes. Dans la plupart des cas on peut même ne pas dépasser 2 0/0 ce qui présente un très grand avantage au point de vue de la fixité de la lumière, les variations de tension provenant des variations dans la consommation de l'éclairage ou de l'énergie étant tout-à-fait insensibles.

Les forces électromotrices employées pour les distances faibles sont généralement 1000 à 1,200 volts à la machine et 2000 à 2400 volts pour les distances moyennes. Pour les distances extrêmes et pour les éclairages très importants on peut encore augmenter cette tension, afin d'économiser sur le poids de cuivre employé dans la canalisation primaire.

C'est ainsi que l'on monte en ce moment, à Londres, une usine centrale colossale prévue dans le projet des auteurs pour alimenter 2.000.000 de lampes à incandescence. Cette usine qui fonctionne déjà en partie, envoie des courants de 10.000 volts dans un premier groupe de transformateurs qui fournissent un courant secondaire de 2.400 volts. Ce courant est conduit dans le voisinage immédiat des consommateurs et à nouveau transformé en courants d'une force électromotrice de 100 volts pour être utilisés dans les lampes. Les deux conducteurs principaux parcourus par le courant de 10.000 volts sont placés concentriquement et celui extérieur est relié à la terre de manière que si une personne vient à être fortuitement en contact avec ce conducteur elle ne soit traversée par aucun courant.

Installation des conducteurs. — Les plus grands soins doivent être apportés à la pose et à l'établissement des fils primaires. Ces fils se dirigent à partir de la station centrale, soit dans un seul sens, soit par ramifications dans des sens divers.

Selon les circonstances, il y a lieu de se servir pour le réseau primaire, de conducteurs souterrains ou de conducteurs aériens. Hors des villes on fait usage de conducteurs aériens et dans les villes, de conducteurs souterrains. Dans les petites villes où la consommation de lumière est peu forte, on préfère pour le circuit primaire des conducteurs aériens même dans la ville. Il n'est cependant guère possible d'établir des règles générales à ce sujet ; il faudra dans chaque cas spécial peser les avantages et les inconvénients des conducteurs aériens et des conducteurs souterrains.

Les fils aériens devront être placés sur des poteaux assez élevés pour les mettre hors de toute portée. Ces fils seront supportés par des isolateurs en porcelaine ou en cristal, on les mettra à des distances l'un de l'autre de 1^{m} à $1^{m},20$. Pour éviter la self-induction, on les croisera de place en place ; de cette façon les lignes téléphoniques elles-mêmes courant le long de la même route ne subiront aucune influence.

Les dérivations conduisant aux transformateurs se font simplement et à proximité des colonnes de conducteurs.

Dans les grandes villes où la canalisation souterraine est généralement adoptée; les deux conducteurs sont simples et parallèles ; dans d'autres cas, au contraire, ils sont placés concentriquement l'un à l'autre afin d'éviter la self-induction d'un câble sur l'autre. Ces câbles, revêtus d'une enveloppe de plomb et quelquefois de spires de fer superposées, sont enfouis directement sous terre; d'autres fois ils sont placés sous moulure en bois injecté. Dans d'autres circonstances, il a été également reconnu pratique d'employer des fils nus sur isolateurs en porcelaine, mis dans des caniveaux souterrains.

Voici les principaux modèles de câbles qui ont été employés jusqu'ici en France pour la transmission des courants alternatifs de haute tension.

Usine municipale des Halles, Paris. — Les câbles sont concentriques et formés de : 19 brins de cuivre étamé de 2 mm. de diamètre, une couche de caoutchouc para pur de 1,5 mm., 3 couches de caoutchouc blanc, 3 couches de caoutchouc noir. Au-dessus vient la deuxième section en couronne, formée de 24 fils de cuivre étamé de 1,8 mm. de diamètre, une couche de caoutchouc blanc sans soufre, une couche de caoutchouc para pur de 2 mm. de diamètre, 2 couches de caoutchouc blanc, une couche de caoutchouc noir, 2 rubans caoutchoutés. Par dessus ce deuxième câble vient enfin une couche de chanvre imprégnée d'une composition résineuse, 2 rubans de tissu de coton enduit, un tuyau de plomb de 2,5 mm. d'épaisseur, un guipage de filière enduit d'une composition bitumineuse.

Le câble ordinaire du service municipal comprend 19 fils de cuivre étamé de 2,5 mm. de diamètre, une couche de para pur de 1,5 mm., 2 couches de caoutchouc blanc, une couche de caoutchouc noir, 2 couches de ruban caoutchouté, une couche de chanvre imprégnée d'une composition résineuse, 2 rubans enduits d'une composition bitumineuse.

Ces câbles donnent une résistance d'isolement de 2,000 mégohms par km. avec une différence de potentiel de 500 volts, après avoir été soumis pendant une heure à une différence de potentiel alternative de 5.000 volts.

Voici également la description des câbles employés par la *Station centrale du Hâvre*. Pour les câbles ordinaires de 7, 28, 56 et 112 mm. de section, ils sont ainsi formés : torons de cuivre, une couche de caoutchouc pur, 2 couches de caoutchouc vulcanisé, 2 rubans caoutchoutés, 4 mm. de jute enduit, gaine de plomb d'épaisseur variable de 1,5 à

2,5 mm., jute enduit, épaisseur de fer de 4 mm., jute enduit de composition bitumineuse. Ces câbles ont une résistance d'isolement de 2,000 mégohms par kilomètre.

Quelques câbles ayant à traverser des bassins, des écluses, sont directement plongés dans l'eau et sont ainsi formés : cuivre étamé, 19 fils de 1,9 mm. de diamètre, 3 couches de caoutchouc pur, 2 couches de caoutchouc vulcanisé, 2 rubans caoutchoutés, un matelas de jute tanné, une armature de fils de fer de 3 mm. de diamètre, un matelas de jute tanné, une armature de torons de 3 fils de fer de 3 mm. de diamètre, jute enduit d'une composition bitumeuse. Ces câbles présentent une résistance d'isolement de de 10.000 mégohms par kilomètre.

Ces quelques modèles de câbles suffisent pour donner une idée exacte des conditions à réaliser.

De la canalisation principale, les câbles de dérivation partent sous des moulures en bois, tuyaux en poterie ou autres protections, arrivent dans des coupe-circuits spéciaux à fils fusibles, traversent un interrupteur bipolaire et viennent enfin aboutir aux bornes du circuit primaire du transformateur.

Transformateurs

Les transformateurs branchés sur les distributions en série peuvent être construits pour tous voltages ; les applications de ce genre de distribution sont encore trop restreintes pour qu'il soit possible de donner des chiffres généraux quant aux constantes en volts et ampères aux bornes du circuit primaire et du circuit secondaire.

Les transformateurs employés dans les distributions en

dérivation sont généralement construits pour la tension secondaire de 100 volts qui correspond au potentiel le plus ordinairement employé pour les lampes à incandescence. Mais pour pouvoir alimenter en même temps des lampes à arc et des lampes à incandescence d'une tension moitié moins élevée, on construit des transformateurs dont les 2 extrémités de la moitié du fil secondaire sont ramenées à une borne intermédiaire qui fournit le potentiel de 50 volts. Dans d'autres cas, on obtient le même résultat en couplant en tension les deux fils secondaires de 2 transformateurs de 50 volts.

Dans le premier cas, les transformateurs possèdent 5 bornes distinctes : les deux bornes d'entrée et de sortie du circuit primaire inducteur à haute tension, deux bornes d'entrée et de sortie du circuit secondaire induit à 100 volts ; enfin la borne intermédiaire qui, réunie à l'une des deux bornes précédentes, fournissent le potentiel de 50 volts. Ces bornes doivent être désignées par P_1P_2, S_1SeS_2, celles P étant primaires et S secondaires.

Dans le second cas, chacun des transformateurs ne possède que quatre bornes.

Essai des transformateurs. — Voici, d'après M. Laffargue, les essais à faire subir aux transformateurs avant leur mise en service.

Dans la construction des transformateurs, on se sert beaucoup de gomme laque ou autres vernis isolants, que l'on dépose sur les différentes spires des circuits afin de les isoler. Ce vernis, à l'état humide, n'est pas aussi isolant qu'une fois sec.

Il convient donc, avant de mettre un transformateur en service, de le faire sécher sous l'action du courant électrique, de le faire débiter et de s'assurer que des contacts intérieurs n'existent pas. Pour arriver à ce but, voici les principales opérations à exécuter : 1° les circuits primaires des transformateurs à essayer sont d'abord branchés en dérivation sur un circuit de 100 volts alimenté par d'autres transformateurs. Les circuits secondaires sont fermés sur eux-mêmes en court-circuit. Dans ces conditions, le transformateur travaille et s'échauffe peu à peu ; il sèche lentement. L'opération doit durer plusieurs jours ; 2° on branche ensuite tous les circuits primaires sur 2.400 volts et on amène les transformateurs à débiter 25 0/0 de plus environ que leur charge normale sur le circuit secondaire. Pratiquement, ce débit est obtenu en faisant communiquer les bornes des transformateurs avec deux barres de fer plongeant dans des baquets d'eau acidulée ou avec deux grosses barres de cuivre plongeant dans des solutions faibles de sulfate de cuivre et en écartant plus ou moins les deux barres ; 3° enfin, dans une autre opération, on met en communication les deux pôles de la machine, l'une à une borne du circuit primaire et l'autre à une borne du circuit secondaire. Cette opération a pour but de faire déclarer les défauts d'isolement qui existeraient entre le circuit primaire et le circuit secondaire.

Quand toutes ces expériences préliminaires sont bien terminées, c'est-à-dire au bout de quinze jours, il faut procéder à la mesure de la résistance d'isolement : 1° entre les deux circuits primaire et secondaire ; 2° entre le primaire et le transformateur ; 3° entre le secondaire et la carcasse de fer du transformateur. Cette résistance d'isolement doit atteindre une valeur de plusieurs milliers de mégohms et la mesure doit en être effectuée en ayant recours à une différence de potentiel aussi élevée que possible, pratiquement 400 à 500 volts. Ce n'est qu'après avoir subi toutes ces vérifications que les appareils sont prêts à fonctionner en toute sécurité.

Groupage des transformateurs. — Dans la distribution en série, les transformateurs sont groupés de même que l'on grouperait tout autre appareil, il n'y a aucune précaution particulière à prendre.

Dans les distributions en dérivation on utilise le réseau de deux manières.

Chaque abonné ou groupe d'abonnés est desservi par un seul transformateur n'ayant aucune liaison avec les autres. Ce système permet de desservir des abonnés disséminés et très distants les uns des autres mais ne donne qu'un rendement moyen de 75 à 80 %.

On obtient un meilleur rendement en réunissant tous les transformateurs en un réseau commun auquel sont rattachés tous les conducteurs des abonnés excepté ceux des groupes importants de lampes, théâtres, édifices publics qui doivent recevoir leurs transformateurs spéciaux afin d'économiser sur les conducteurs secondaires. On peut employer avec ce système des transformateurs de grandes dimensions dont le rendement est meilleur que celui des petits transformateurs. Un mécanisme automatique met successivement les transformateurs en activité au fur et à mesure que la demande s'accroît et retire au contraire des transformateurs du réseau primaire quand la demande diminue. De cette manière chaque appareil fonctionne dans les meilleures conditions et l'on atteint un rendement moyen de 90 à 96 % suivant les appareils employés.

Les transformateurs étant essentiellement réversibles, il est nécessaire lorsqu'ils sont destinés à alimenter un réseau secondaire commun, de prendre à leur groupage certaines précautions.

S'ils se trouvent réunis dans un local commun on réunit à l'un des fils du réseau primaire, toutes les bornes des transformateurs marqués P_1 ; on en fait de même avec les bornes marquées P_2, qui se trouvent ainsi toutes reliées à l'autre fil du réseau primaire. On répète la même opération sur les bornes secondaires en reliant toutes les bornes de même désignation à un fil du réseau secondaire.

Quand au contraire plusieurs transformateurs alimentant le même réseau secondaire, se trouvent répartis dans divers locaux, on devra prendre des précautions spéciales pour leur groupement, car une erreur dans la connexion même d'un seul d'entre eux suffirait pour compromettre toute l'installation.

On agira dans ce cas tout particulièrement avec prudence, car il est très rare, et jamais d'une façon absolument certaine, que l'on sache quelle est la dérivation correspondant par exemple à l'âme du câble et celle correspondant au câble extérieur concentrique, si au contraire ces dérivations étaient bien connues, on retomberait dans le cas précédent des transformateurs, tous situés dans un même local.

Mais, au cas où l'on n'aurait pas cette certitude, ou bien où la constatation présenterait quelque difficulté, on procédera de la manière suivante au groupage des transformateurs.

On relie tous les transformateurs à la conduite primaire, on les protège par des plombs de sûreté, on éteint sur le réseau secondaire la plus grande partie des lampes et on relie ce réseau secondaire à un seul transformateur, après l'avoir protégé par deux plombs fusibles sur les fils secondaires. On lance le courant dans le réseau primaire ; on allume ainsi le petit nombre de lampes restant, et on a en tous les points du réseau secondaire la tension normale.

On procédera ensuite à l'addition successive des autres transformateurs l'un après l'autre, en mettant en place l'un des plombs fusibles du réseau secondaire et en remplaçant l'autre par deux lampes en tension, qui doivent être du même type de celles qu'alimente la station : ainsi, si le réseau secondaire est à 100 volts, on groupe en tension deux lampes de 100 volts.

Une fois le transformateur muni de deux appareils de sûreté ainsi composé, on peut relier le réseau secondaire aux bornes du transformateur considéré. Deux cas peuvent se produire, les lampes ainsi intercalées éclairent ou n'éclairent pas.

Si les deux lampes *n'éclairent pas*, on peut les remplacer par un simple fil fusible ; la connexion effectuée est bien la bonne.

Si les deux lampes s'allument, il convient d'intervertir les deux pôles de la canalisation secondaire.

On fait de même pour tous les transformateurs l'un après l'autre, en laissant dans le circuit ceux qui sont convenablement connectés ; quand ils sont tous en service, on charge le réseau secondaire en laissant toutes les lampes allumées, et on observe si au bout d'un certain temps l'échauffement de tous les transformateurs atteint le même degré.

Si l'un d'eux venait à chauffer beaucoup plus que les autres, cela indiquerait qu'il donne beaucoup plus de courant qu'il ne convient.

Dans ce cas il faut l'isoler aussi bien du réseau primaire que du réseau secondaire, et indiquer l'endroit où il se trouve en faisant l'observation

M. de Ferranti a adopté tout dernièrement pour l'éclairage de Londres le mode de groupement suivant pour ses transformateurs. Il établit un réseau à mailles à haute tension, constitué par deux câbles passant dans toutes les rues, mais d'un seul côté ; ce réseau étant alimenté en des points convenables par des feeders à haute tension émanant de l'usine.

Dans chaque rue, mais des deux côtés, sont placés des câbles secondaires d'une section uniforme, alimentés par des postes de transformateurs montés en dérivation sur le réseau à haute tension et placés soit sous la voie publique, soit dans les immeubles.

Ces postes de transformateurs sont établis environ tous les 500 mètres, et les câbles secondaires calculés de façon à pouvoir laisser passer tout le courant nécessaire aux lampes établies de chaque côté des postes, sur un parcours de 250 mètres.

Ce système a l'avantage de permettre de suivre l'extension de l'éclairage électrique. On peut, au début, après avoir posé toutes les canalisations ainsi prévues, ne placer les postes de transformateurs qu'à de grands intervalles et n'augmenter leur nombre qu'au fur et à mesure des besoins. Il donne de l'indépendance à chacune des sections ainsi créées, en permettant leur isolement facile et assure d'une façon absolue l'éclairage, car la rupture d'un câble primaire ou secondaire ne saurait entraîner aucune extinction.

M. de Ferranti emploie aussi pour ce mode de groupage des transformateurs des appareils automatiques destinés à varier le nombre des transformateurs en fonctionnement suivant la consommation d'éclairage, et ce afin d'obtenir le plus haut rendement possible.

Installation des transformateurs. — Les transformateurs étant séchés et essayés, il convient de les mettre en place, et de les brancher sur le circuit primaire. Comme ils peuvent être complètement abandonnés à eux-mêmes, il est facile de les installer de manière à ce qu'ils

Fig. 32

soient complètement inaccessibles à toute personne étrangère au service. Leur installation se fait selon les besoins de différentes façons.

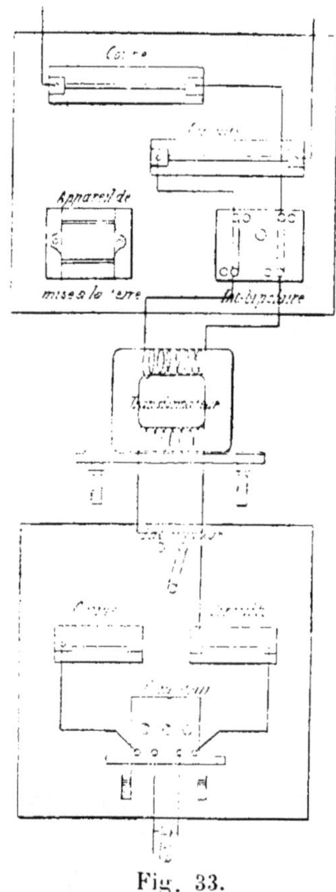

Fig. 33.

Pour les lignes aériennes les transformateurs sont mis dans des boîtes et posés soit sur des colonnes (fig. 32) soit sur des consoles contre les murs extérieurs des maisons, soit encore dans des armoires fermées que l'on dispose à l'intérieur des maisons, généralement aux greniers.

Pour les lignes souterraines on place les transformateurs à la cave des maisons à éclairer, ou dans des caissons de terre appropriés. On voit encore sur la figure qu'une colonne de lampe à arc en forme de tuyau, placée près du transformateur est utilisée pour la ventilation de ce dernier. Le transformateur est construit de façon que l'eau s'infiltrant, ne puisse pénétrer jusqu'à lui, mais quelle soit déversée dans un canal quelconque approprié.

La fig. 33 représente le schéma un poste de transformateur chez un abonné. Cet appareil est enfermé dans une armoire où seuls les employés de la station doivent pouvoir pénétrer et construite de manière à laisser une ventilation énergique à cause de la chaleur qu'il dégagera. Il faut éviter de placer le transformateur directement sur des barres de fer ou sur des objets en communication avec la terre, mais il faut le poser sur un socle en bois ou en pierre avec interposition de feuilles en caoutchouc, d'amiante ou de feutre. On évite ainsi les accidents que pourrait entraîner la mise à la terre du circuit à haute tension, si pour une raison quelconque, un contact intérieur venait à se produire entre le circuit primaire et le fer.

Quant au branchement du transformateur sur le circuit primaire, il doit être fait avec le plus grand soin, et avec rubans de caoutchouc pur. Des coupe-circuits doivent être intercalés sur les deux pôles ainsi qu'un interrupteur bipolaire, et les fils primaires doivent être mis à l'abri de tout contact extérieur et avec le fer du transformateur et de toute détérioration possible.

Réseaux secondaires.

Le réseau secondaire se dérive des transformateurs comme un réseau ordinaire, et comme il est complètement isolé du réseau primaire, il s'ensuit que les défauts d'isolement qui surviennent fréquemment dans les installations faites chez les abonnés sont sans influence sur le fonctionnement général de la distribution, tandis que dans les systèmes de distribution directes les contacts à la terre des installations privées étendent leurs effets jusqu'à l'usine centrale.

On calculera le réseau secondaire avec le minimum de perte possible 2 0/0 étant un maximum. Tous les perfectionnements de la distribution en dérivation à courants continus, sont applicables à ce réseau, les circuits secondaires des transformateurs peuvent ainsi être groupés à volonté en tension ou en quantité, enfin remplir toutes les fonctions des dynamos ordinaires. On peut faire des réseaux secondaires à 3, 4 et 5 fils en groupant en tension les circuits secondaires de 2, 3 ou 4 transformateurs placés à proximité l'un de l'autre.

Pour les installations industrielles et pour l'éclairage public où un certain nombre de lampes fonctionnent toujours simultanément, on peut les grouper en tension et les alimenter au moyen d'un seul transformateur donnant le potentiel voulu, ou en groupant en tension les circuits secondaires de plusieurs transformateurs.

Quand toutes les lampes sont éteintes sur un transformateur il conviendra pour le mettre hors circuit de couper à la fois le circuit secondaire et le circuit primaire, cet appareil étant réversible et tendant toujours à produire du courant à la station centrale si son circuit secondaire est alimenté par le réseau. C'est là du reste une opération très facile à réaliser.

Il est bien entendu que les réseaux devront être équilibrés de façon que chaque transformateur ne prenne que sa charge normale.

Il peut arriver qu'il se produise un ou plusieurs contacts entre le circuit primaire et le circuit secondaire des transformateurs. Ces contacts sont dangereux à deux points de vue, d'abord par l'échauffement qui peut se produire dans le cicuit, ce dernier étant fermé par les terres qui existent toujours plus ou moins dans une installation. Il est certain ensuite que le circuit se trouvant porté à une haute différence de potentiel est très dangereux pour les personnes qui viendraient à y toucher. On remédie à ces accidents par des appareils de mise à la terre, qui ont pour but de faire communiquer avec la terre le circuit aussitôt qu'il se trouve porté à une différence de potentiel qui devient dangereuse.

Lampes à arc. — Les lampes à arc à courant continu ont dû être modifiées pour pouvoir fonctionner convenablement avec les courants alternatifs. On a dû diminuer le nombre de tours de fil sur les électros pour diminuer la self-induction et faire des entailles dans les noyaux ou parties pleines pour éviter les courants de Foucault qui produisaient un très fort échauffement.

La différence de tension aux bornes des lampes à arc à courants alternatifs ne doit pas dépasser 36 à 40 volts. Passé cette tension la lumière devient trop violette.

Sur courants alternatifs on intercale des bobines de self-induction remplaçant les résistances employées sur courants continus. Ces bobines présentent cette singularité de réduire la force électromotrice sans absorption sensible d'énergie, ce qui constitue un très grand avantage sur les lampes à courants continus. Elles permettent aussi de mettre les lampes en dérivation sur n'importe quel circuit, quelle que soit la force électromotrice du courant et de leur donner une indépendance complète.

Les lampes à arc à courant alternatif produisent un bourdonnement qu'il n'est possible d'éviter en partie qu'en les enfermant dans des globes hermétiques.

Rhéostats pour jeux de lumière. — Le rhéostat dont nous avons parlé au sujet des lampes à arc peut être appliqué à la production de jeux de lumière pour théâtres. Ce rhéostat présente sur ceux employés avec les courants continus, de grands avantages. D'abord ils peuvent tenir dans un espace relativement très réduit, en outre leur manœuvre est aussi beaucoup plus facile, car il suffit de faire pénétrer le noyau de fer doux plus ou moins dans la bobine pour obtenir les intensités lumineuses les plus variées. En outre les variations de lumière ont lieu graduellement avec une grande douceur tandis que dans les rhéostats métalliques à courants continus, la lumière augmente ou diminue par sauts qui sont très appréciables à l'œil, malgré le grand nombre de divisions du cadran.

CHAPITRE III

COMPTEURS.

L'une des questions importantes qui se posent aussitôt, lorsqu'on crée une station centrale de lumière électrique est celle de savoir si l'on fera payer la lumière consommée par les abonnés, à forfait ou au compteur. Ces deux manières de faire ont chacune leurs avantages et leurs inconvénients.

Dans le cas de l'abonnement à forfait à tant par lampe et par an, les consommateurs ont intérêt à s'éclairer largement, à ne faire installer que les lampes absolument indispensables, ayant la plus grande durée d'éclairage, alors qu'ils conservent leurs anciens luminaires pour les endroits ne demandant que des éclairages restreints ou momentanés.

Il y a en outre à craindre que l'abonnement à forfait n'amène des difficultés avec les consommateurs quand ceux-ci dépassent les chiffres convenus de durée d'éclairage.

On peut mettre un frein à l'abus qu'ils pourraient faire de la lumière, en laissant le renouvellement des lampes à leur charge, mais le prix minime de ces dernières permet d'obtenir un éclairage supplémentaire à si bon compte qu'ils ne se trouvent pas très poussés à faire des économies

L'abonnement au compteur influe favorablement sur les recettes ainsi que sur les dépenses parce qu'aussitôt qu'une lampe devient inutile, le consommateur s'empresse de l'éteindre ; en outre, il installe une plus grande quantité de lampes, qui donne une plus grande recette. Afin de limiter l'installation d'un trop grand nombre de lampes destinées à n'être allumées qu'à de rares occasions et nécessitant une grande réserve de machines, il est bon de faire payer une somme annuelle fixe pour la location du compteur et pour chaque lampe installée. Beaucoup d'usines exigent ainsi dans ce but, pour toutes les lampes installées, un minimum annuel d'heures d'éclairage.

A bien des points de vue, on peut donc considérer le paiement au compteur comme le préférable et l'expérience a démontré que l'exploitation par compteurs était réellement plus avantageuse pour l'entreprise.

La quantité de travail déterminée par les compteurs s'exprime en ampères-heures ou watts-heures. Le travail est égal au produit de l'intensité moyenne du courant par la durée de l'émission ; on suppose que la tension aux pôles est constante, ce qui a toujours lieu dans les établissements en question.

Les compteurs dont on fait usage sont basés sur les actions chimiques ou sur les actions physiques des courants.

Ceux basés sur les actions chimiques sont théoriquement les plus exacts, mais ils demandent beaucoup de soins, les pesées sont très délicates et très minutieuses à faire et comme l'on utilise seulement une faible fraction du courant, la moindre erreur commise dans la mesure se trouve ainsi multipliée par 100 ou par 1000. Cette méthode exige en outre que le courant soit toujours de même sens.

Ces inconvénients n'existent pas avec les compteurs basés sur les actions physiques des courants, compteurs que l'on nomme électro-mécaniques et dans lesquels passe la totalité du courant à mesurer ce qui constitue un avantage précieux pour l'exactitude des résultats.

En raison de la construction compliquée et par suite du prix élevé des compteurs de quantité, on construit aussi des compteurs horaires très simples et d'un très bas prix. On les intercale dans le circuit de chaque lampe ou groupe de lampes brûlant simultanément. (Ils conviennent tout particulièrement pour les lustres, les gros foyers à incandescence et les lampes à arc). Ils comptent le temps exact en centaines, dizaines d'heures et en minutes pendant lequel la lampe ou le groupe de lampes a fonctionné. La dépense de lumière est alors facturée en lampes-heures.

DEUXIÈME PARTIE

PROJETS DE DISTRIBUTION ÉLECTRIQUE

Il est essentiel, avant de décider l'installation d'une usine centrale d'étudier attentivement toutes les causes qui peuvent avoir quelque influence sur sa réussite commerciale et en particulier les suivantes :

1° Densité de l'éclairage dans le quartier ou la ville à éclairer ;

2° Rapport entre le nombre de lampes allumées et le nombre de lampe installées ;

3° Durée moyenne d'éclairage par lampe installée ;

4° Débit normal maxima de l'usine pendant une soirée ;

5° Prix de vente du gaz.

Une fois en possession de ces renseignements il reste à déterminer les points suivants :

a) L'usine à créer doit-elle être au centre du quartier à éclairer, ou doit-elle en être éloignée, soit dans un quartier excentrique de la même ville, soit à l'extérieur de cette ville ?

b) Quel genre de force motrice emploiera-t-on ?

c) Quel genre de distribution emploiera-t-on ?

d) La canalisation sera-t-elle aérienne ou souterraine ?

Pour établir un projet rationnel d'usine centrale de lumière électrique, il faut connaître exactement non seulement la consommation de lumière dans la région qu'il s'agit d'éclairer, mais encore les variations de cette consommation dans le courant d'une journée et à chaque saison de l'année. Il sera bon d'évaluer la consommation en fonction des unités pratiques, ce qui permettra un calcul facile de la force correspondante en chevaux.

Quand on aura dressé les tableaux de consommation probable par unité de surface, il restera à déterminer le genre de force motrice et le mode de distribution à employer. Il est impossible de donner des règles fixes pour un travail de cette nature, il n'y a guère que la connaissance détaillée des conditions d'exploitation industrielle dans lesquelles on se trouve placé qui puisse conduire à un choix motivé. Le rendement qu'on est en droit d'exiger des appareils employés, sera toutes choses égales d'ailleurs, proportionné au coût de l'énergie première que l'on veut transformer en électricité.

Pour préciser: si par exemple on veut utiliser une chute d'eau ayant une puissance brute considérable relativement aux besoins de la région qui peut l'employer économiquement, il paraît évident que le bon rendement n'est plus de première nécessité.

C'est au contraire le coût des machines et appareils, le capital immobilisé par les frais de première installation, qu'on doit chercher à amoindrir. Ce résultat ne sera obtenu qu'avec des machines, appareils et mode de distribution à haute utilisation spécifique, c'est-à-dire en ce qui concerne les machines, celles ayant des champs de la plus grande intensité possible, tournant à des vitesses supérieures, et travaillant à des densités de courant maxima déterminées par des conditions d'un isolement suffisant et de durée convenable.

Si, au contraire la production de l'énergie mécanique entraîne de très fortes dépenses journalières, cas d'une région dépourvue de chutes d'eau et située à une grande distance des dépôts houillers, le bon rendement s'impose. On doit alors rechercher des machines et appareils du meilleur rendement possible, quelle que soit la valeur de leur utilisation spécifique moyenne.

Pour le choix du système de distribution, on se guidera sur les renseignements donnés à leur sujet au chapitre Ier du présent ouvrage. Une distribution directe à basse ou moyenne tension peut être employée pour desservir un quartier ou une ville dont la densité d'éclairage par mètre de surface est très élevée. Au contraire une distribution par transformateurs est toute indiquée si la densité est très faible, si l'usine doit être placée en dehors du quartier ou de la ville à desservir, ou enfin si l'on utilise une chute d'eau.

On adopte quelquefois une solution mixte, le quartier environnant l'usine est desservi par une distribution directe, et les quartiers excentriques par une distribution indirecte par accumulateurs, ou par transformateurs à courants continus ou alternatifs.

Les machines doivent naturellement suffire pour le maximum de consommation. Le débit maximum n'étant que momentané, il sera préférable de construire les machines pour un débit de 20 à 30 0/0 supérieur à celui considéré comme le débit normal, et ces machines fourniront pendant un court espace de temps ce travail supplémentaire.

Les canalisations doivent être calculées largement, en prévision du développement de la consommation. Aussi, au début, on pose généralement des conducteurs de section au moins double de celle suffisante, afin de ne pas avoir à retoucher aux conduites peu de temps après leur pose.

Dans le calcul de la section des conducteurs il faut tenir compte des conditions d'économie et de sécurité, tout en n'adoptant pas des pertes de pression inusitées. La densité du courant que l'on peut admettre dans les câbles est limitée par l'échauffement, on ne dépasse pas 1,5 ampère par $^m/_{m^2}$.

On tracera un plan de la ville où seront indiquées les canalisations, avec indication de leur section. On distinguera les câbles d'alimentation ou feeders des câbles du réseau, ou les câbles primaires de ceux secondaires en employant des couleurs différentes. Les boîtes de jonction des feeders avec le réseau, ou des divers câbles du réseau seront également distinguées par des signes différents.

Enfin on établira une liste de tous les conducteurs nécessaires dans les différentes parties du réseau, avec leurs longueurs, leurs sections, leurs compositions et leur poids.

CHAPITRE IV

ÉTABLISSEMENT DES USINES.

Emplacement de l'usine. — Nous avons déjà vu, qu'il est préférable quel que soit le mode de distribution dont on fait usage, de disposer l'usine au centre du quartier à éclairer, mais le plus souvent, par suite de l'impossibilité de trouver un terrain ou un bâtiment convenable, on se trouve obligé d'installer l'usine bien au-delà de ce point central.

Dans l'intérieur de quartiers très populeux, l'installation de pareilles usines, présente d'assez grandes difficultés, on est presque toujours obligé à défaut de terrain convenable, d'installer l'usine dans des bâtiments existants que l'on approprie au mieux du service.

Dans les quartiers excentriques et à l'extérieur des villes, où l'on n'a pas à utiliser des bâtiments existants, où l'on trouve des terrains convenables, il devient alors possible de bien grouper les services de l'usine et de réduire au minimum le personnel chargé de sa conduite et de son entretien.

Bâtiment. — La forme et les dimensions des bâtiments des stations centrales dépendent essentiellement des machines que l'on doit y placer, et qui ont dû être choisies au reste de manière à satisfaire à un certain nombre de conditions parmi lesquelles se range forcément la possibilité de les disposer dans le terrain affecté à l'usine.

Un établissement de ce genre, ne comporte qu'une exécution sobre et rationnelle ; les motifs d'architecture ou d'ornementation n'y sont pas à leur place. Cependant au voisinage ou dans l'intérieur des villes, il y a lieu quelquefois de tenir compte de certaines considérations d'aspect ou de perspective ; sans faire d'une station centrale un monument plus ou moins prétentieux, il convient de rechercher des dispositions, qui tout en répondant aux conditions techniques à remplir, ne choquent pas l'œil des délicats.

Ce qui est indispensable, ce qu'il faut rechercher avant tout c'est la facilité du service, la commodité de la surveillance ; et à cet effet, l'ingénieur chargé de faire le projet d'une station centrale, ne saurait apporter trop de soins à la disposition d'ensemble du bâtiment et du groupement économique des divers services de l'usine. Il devra éviter de mesurer avec trop de parcimonie l'espace et la lumière, s'efforcera d'assurer l'aération des salles, cherchera à y maintenir une température convenable, etc. Toutes les dépenses faites dans cet ordre d'idées au moment de la construction de l'usine sont bien vite couvertes par les économies d'exploitation qu'elles permettent de réaliser, ou par le complément de sécurité qui en résulte. Il faut aussi ne pas oublier les nécessités de l'entretien, rendre l'accès aussi aisé que possible auprès de toutes les parties des machines, afin que les graissages, les nettoyages, les menues réparations sur place se fassent vite et bien ; prévoir les démontages partiels et ménager les emplacements ou les passages nécessaires, imposer enfin par des dispositions spéciales les soins de propreté si utiles pour la conservation et le bon fonctionnement des engins mécaniques.

L'ingénieur chargé de l'étude d'une station centrale, se fait généralement remettre par un architecte, des plans et devis concernant la construction des bâtiments de l'usine. Il doit, aidé des renseignements de l'architecte. déterminer la nature des matériaux à employer pour les différentes parties des bâtiments. Le prix des matériaux variant dans des proportions assez grandes suivant les localités ; dans celles où la maçonnerie est coûteuse il peut y avoir avantage à employer la fonte et le fer pour supporter les transmissions, les planchers, etc. Généralement il convient d'adopter des voûtes très épaisses pour que les vibrations n'altèrent pas la solidité de l'édifice.

Si le bâtiment de l'usine est attenant à des maisons d'habitation, il est nécessaire de prendre des précautions très grandes pour éviter le bruit et les trépidations qui pourraient entraîner des procès coûteux et qui obligent souvent à remanier considérablement l'installation première. On ne saurait trop attirer l'attention des ingénieurs sur ce point.

Les stations centrales se développant souvent avec une grande rapidité, il est donc utile de combiner le plan d'ensemble de l'usine de manière à permettre facilement l'addition de nouveaux groupes de chaudières, de moteurs et de dynamos, et d'examiner s'il n'y aurait pas avantage à faire au moment de la construction de l'usine, certains travaux de fondation en vue de son agrandissement ultérieur.

Les stations centrales de lumière électrique se composent le plus généralement soit d'un seul bâtiment renfermant les chaudières, moteurs, transmissions, dynamos, soit de deux bâtiments l'un renfermant les chaudières, et l'autre les moteurs et dynamos. Ces bâtiments sont généralement rectangulaires et d'un développement en rapport avec l'importance de l'usine. Pour leur donner une grande solidité on peut augmenter de distance en distance l'épaisseur des murs ; ces sortes de contreforts servent à donner à l'ensemble du bâtiment un cachet décoratif. Les points d'appui principaux étant renforcés, l'intervalle peut n'avoir qu'une épaisseur très réduite.

Les chassis des fenêtres de la salle des machines et de celle des chaudières doivent être en fer, recouverts d'une double couche de peinture au minium et à la céruse. Le bois travaille trop par suite des alternatives de sécheresse et d'humidité chaude auxquelles il est soumis. Il se pourrit en peu de temps, laisse écouler une couleur noirâtre produite par l'action de la vapeur sur le principe colorant du ligneux et salit les carreaux.

La hauteur de la salle des machines doit pouvoir permettre également le déplacement d'une machine au-dessus d'une autre sans en interrompre le fonctionnement. Un toit trop bas est un grand inconvénient.

Si le bâtiment n'est pas assez solide pour supporter le poids d'une dynamo avec son armature sur des rails fixés sur les côtés et à la partie supérieure de la salle des machines, on a avantage à se servir d'un échafaud mobile monté sur des roues et pourvu de poulies à chaîne. Ce dispositif permet de soulever rapidement une machine, de la déplacer en roulant le cadre à l'endroit voulu, et de remettre la machine en place prête à marcher.

Constructions accessoires. — Toute station centrale comporte en dehors des salles des machines et générateurs, certaines constructions de moindre importance qui en constituent l'accessoire obligé.

C'est d'abord un magasin pour les huiles de graissage, les chiffons et autres fournitures courantes. Puis une chambre d'essais, qui devra comprendre :

1° Un photomètre avec tous ses accessoires permettant de faire l'évaluation de l'intensité lumineuse des divers modèles de brûleurs alimentés par l'usine centrale ;

2° Un petit tableau comprenant un voltmètre, un ampèremètre, un interrupteur et un rhéostat pour l'essai des lampes à arc ;

3° Un autre tableau comprenant un ampèremètre et un groupe de lampes soigneusement étalonnées pour l'essai et le réglage des compteurs. Le service des compteurs chimiques demande l'emploi d'une cuve à glace pour étalonner les plaques et d'une balance de précision pour les peser ;

4° Un tableau toujours disponible pour faire toutes les installations provisoires d'appareils pour essais passagers;

5° Une table bien placée de niveau et exempte de vibration pour placer les appareils à essayer et servant aux essais.

Ensuite un petit atelier pour les réparations.

Une usine centrale éloignée d'une ville doit avoir un atelier de réparation outillé en rapport avec ses besoins. Près d'un centre de population au contraire, où les ateliers de construction sont bien montés, cette dépense est moins nécessaire. Dans ce dernier cas, les mécaniciens chargés de la conduite des appareils doivent pouvoir effectuer eux-mêmes à peu de frais et sans perte de temps, les menues réparations : les machines, outils, simples et en petit nombre dont l'atelier doit être muni, meule à repasser, tours, machine à percer, sont mues d'ordinaire à bras ; mais elles peuvent aussi recevoir leur mouvement d'un petit moteur à vapeur spécial ou mieux d'un moteur électrique.

Parfois et surtout dans les pays où le climat est très humide, on dispose *un hangar à charbon* pour mettre le combustible à l'abri de la pluie, à défaut on réserve *un parc à charbon* pourvu de bascules pour la pesée, et avec ou sans dispositions mécaniques pour le débarquement et le transport du combustible.

Enfin un *bâtiment d'habitation* est indispensable pour assurer en tout temps de jour et de nuit le gardiennage et la surveillance continue des machines.

Division des services de l'usine. — Le service de l'usine doit être divisé en deux parties distinctes : le service des générateurs et le service des moteurs et dynamos.

Afin d'éviter que les poussières de charbon ne se répandent dans la salle des machines, et ne nuisent à la bonne marche et à l'entretien des machines, la salle des générateurs devra être complètement séparée de celle des moteurs et dynamos, mais la communication entre ces deux salles devra rester prompte et facile. L'installation des générateurs à l'extérieur du bâtiment principal est toujours bien préférable.

L'usine sera parfaitement aérée dans toute ses parties et surtout dans la salle des chaudières et des machines. Si l'on ne peut pas obtenir une ventilation naturelle suffisante, il faut avoir recours à une ventilation mécanique.

Le service du charbon et d'enlèvement des cendres devra se faire commodément et complètement en dehors de l'usine. La soute à charbon doit être d'une contenance suffisante pour l'alimentation de l'usine pendant une semaine au moins.

Les chaudières, moteurs et dynamos seront autant que

possible établis sur le sol et sur des massifs indépendants des fondations du bâtiment de l'usine. Si, faute d'emplacement, il était nécessaire de disposer les machines aux différents étages de l'usine, on prendrait des dispositions telles, comme construction du bâtiment et installation des machines que le bruit et les trépidations soient complètement évités. Dans ce but on installera de préférence les chaudières, représentant un poids mort, aux étages supérieurs ; les dynamos et les moteurs étant installés aux étages inférieurs. Dans ce cas le service du charbon et d'enlèvement des cendres sera fait par un monte-charge. Dans une usine établie à New-York d'après le système Edison et construite en étages, on est arivé à installer tout le matériel dans un emplacement représentant une surface de 0,18$^{m^2}$ par cheval vapeur. La fig. 34 représente une disposition spéciale des chaudières, il nous a paru utile de la faire figurer dans cet ouvrage.

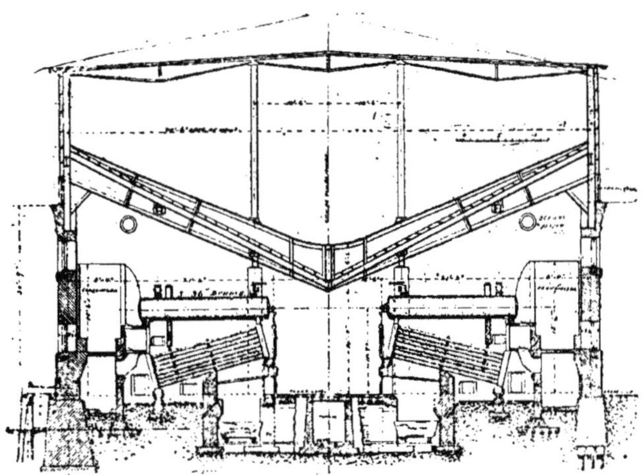

Fig. 34.

Dispositions particulières. — Dans les villes la rigueur du règlement sur les chaudières à vapeur impose d'une manière absolue l'emploi des chaudières multitubulaires. Du reste, ce sont celles qui conviennent le mieux pour le service des stations centrales, à cause de l'emplacement faible qu'elles occupent, de leur mise en pression facile et prompte, et de leur élasticité. On peut en effet, à certains certains moments, leur demander une quantité de vapeur dépassant notablement la production normale. On peut encore augmenter cette production en activant les foyers par l'emploi de ventilateurs.

Les chaudières devront être installées en batterie les unes à côté des autres afin de faciliter le service du chauffage. Leur capacité sera plus que suffisante que celle exigée pour l'alimentation des moteurs, pompes, ventilateurs, monte-charges assurant le service de l'usine.

La tuyauterie sera installée en double et combinée de telle manière que, l'un quelconque des moteurs puisse fonctionner avec n'importe quelle chaudière.

On assurera l'alimentation d'eau des chaudières au moyen de réservoirs pouvant recevoir l'eau de la ville ou d'un puits spécialement creusé à cet effet. Ces réservoirs devront avoir une contenance suffisante pour assurer l'alimentation des chaudières au moins pendant une journée en cas d'accident à la pompe du puits ou de réparation à la conduite amenant l'eau de la ville.

Afin de réaliser une économie de combustible il est important d'adopter des moteurs munis de condenseurs ou de réchauffer l'eau d'alimentation des chaudières au moyen de la vapeur d'échappement ou des gaz chauds s'échappant des foyers.

Pour économiser l'eau employée à la condensation on

établit des réservoirs à très grande surface fournissant l'eau aux condenseurs par un côté et recevant la vapeur condensée et l'eau chaude par le côté opposé. Pour activer le refroidissement de l'eau, on peut établir des bacs réfrigérants étagés en cascade.

Pour l'établissement d'une circulation d'eau dans les paliers des moteurs et machines électriques, on dispose à un étage supérieur de l'usine un réservoir d'eau. Celle-ci descend par son propre poids, traverse les paliers et arrive à une bâche située à un niveau inférieur et d'où elle est refoulée dans le réservoir supérieur. Une circulation d'huile pour le graissage peut être établie de la même manière.

Dans les villes il est nécessaire de construire des cheminées dominant en hauteur tous les bâtiments du quartier pour les déversement des produits nuisibles de la combustion et de la vapeur. On fera bien également de munir les chaudières de fumivores perfectionnés pour brûler la fumée.

Choix des moteurs. — L'ingénieur chargé du projet d'une distribution d'électricité, n'est généralement pas mécanicien. il doit donc s'abstenir de faire choix *à priori* d'un type déterminé de chaudière, de machine, car il risquerait de ne pas donner la préférence à celui qui convient le mieux aux circonstances spéciales dans lesquelles il se trouve, ou de ne pas tenir compte des progrès de la mécanique qu'il lui est permis d'ignorer. Le meilleur mode de procéder consiste à rédiger un programme définissant très exactement le travail à effectuer, et laissant d'ailleurs au constructeur, au spécialiste le soin de rechercher en toute liberté quels sont les moyens à mettre en œuvre pour y parvenir, sauf à lui imposer les conditions particulières commandées par des considérations d'emplacement et autres dispositions locales, à préciser la durée des travaux, à fixer les limites de responsabilité et les garanties de consommation.

Le nombre des constructeurs ayant quelque expérience des stations centrales n'est pas très considérable, ils sont connus dans chaque région, de sorte que très souvent on se contente de s'adresser à l'un d'eux en lui demandant un projet. S'il s'agit d'une affaire de quelque importance, il vaut mieux procéder par voie de concours public ou restreint : le concours excite l'émulation, stimule la concurrence, fait parfois surgir des idées nouvelles et donne presque toujours un résultat avantageux au point de vue de la dépense. Mais il faut se garder de l'adjudication proprement dite, où le prix seul l'emporte sur toutes les autres considérations, car ce sont souvent les appareils les plus chers qui se trouvent en même temps les plus économiques, si l'on tient compte des frais d'entretien et d'exploitation ; et l'on s'exposerait à bien des regrets si, renonçant à la faculté de choisir, on courait le risque de tout sacrifier à une réduction irréfléchie des dépenses de premier établissement, sans faire entrer dans le calcul l'importance variable des bâtiments, des massifs de fondation et celle de la consommation de vapeur sans se réserver d'apprécier les avantages techniques de tel ou tel type, les garanties plus ou moins sérieuses offertes par les divers soumissionnaires.

Choix de la puissance des moteurs. — En raison des variations très grandes de la consommation de la lumière aux différentes heures de la journée, il est économique de diviser la puissance de l'usine en un certain nombre de machines égales ou inégales, de telle manière que chacune d'elles travaille à la charge correspondant à son meilleur rendement. A mesure que la consommation s'accroît ou diminue on ajoute ou on retire de nouveaux moteurs et de nouvelles dynamos pour rester toujours dans les meilleures conditions de fonctionnement.

Il faudra choisir pour les petites installations des machines d'unité proportionnellement plus grandes que pour les installations importantes. Ainsi par exemple, une station centrale pour 600 chevaux vapeur doit être composée de 6 machines électriques et de 6 machines à vapeur de 120 chevaux chacune, dont une de réserve. Par contre, dans une installation de 6000 chevaux-vapeur, 10 machines à vapeur de 600 chevaux chacune devront être en fonctionnement et 2 de 600 chevaux-vapeur devront servir de réserve. On voit que dans le premier cas la puissance de chaque machine est dans le rapport de 1 à 5 de la puissance totale, tandis que dans le second cas, ce rapport de puissance est reconnu utile dans la proportion de 1 à 10.

Dans l'usine centrale en construction à Deptford, les unités adoptées sont de 10000 chevaux, ce choix est parfaitement justifié, en raison de la grande importance de la distribution qui alimentera environ 2.000.000 de lampes. Dix de ces machines fonctionneront en quantité.

Moteurs à gaz. — Les usines centrales qui emploient le gaz comme force motrice sont très peu nombreuses, appartiennent généralement aux compagnies gazières et font souvent emploi d'accumulateurs, soit comme régulateurs, soit comme réservoirs.

La force motrice de ces usines est rarement supérieure à 100 chevaux.

Les fig. 35 et 36 montrent le plan de deux usines centrales dont les dynamos sont actionnées par des moteurs à gaz.

a) Moteurs à gaz.

b) Treuils de mise en marche.

c) Moteur actionnant les treuils de mise en marche.

d) Dynamos.

e) Pompe d'alimentation pour l'eau de refroidissement des moteurs.

Quelques usines centrales récemment montées empruntent leur force motrice du gaz Dowson, dont nous avons dit quelques mots dans notre premier volume.

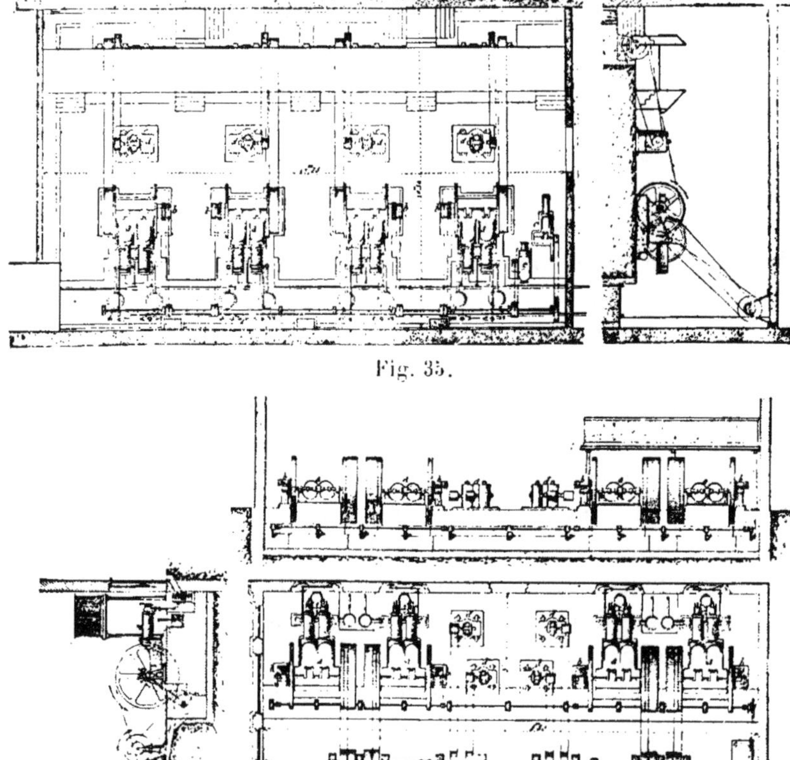

Fig. 35.

Fig. 36.

Moteurs hydrauliques.— Pour utiliser les forces hydrauliques à la production de l'éclairage électrique, on emploie de préférence les turbines qui, par suite de leur grande vitesse initiale, simplifient beaucoup la transmission de mouvement. Un autre avantage non moins précieux dans certains pays, est que, tournant sous l'eau, elles sont presque à l'abri de la gelée. Le rendement des turbines est constant en toute saison et supérieur à celui des roues hydrauliques. Elles ont encore l'avantage d'occuper peu de place et de permettre l'utilisation de chutes considérables et d'un faible débit. Néanmoins, dans un pays privé d'ateliers de construction, dans les terrains où la pose présente des difficultés spéciales, dans les localités où les chutes sont faibles et l'eau abondante, on peut conseiller l'emploi d'une roue hydraulique.

Il est souvent nécessaire d'installer un moteur à vapeur comme secours pour suppléer au moteur hydraulique dans les moments de basses eaux ou pour le remplacer totalement dans le cas de manque absolu d'eau. Le moteur hydraulique ainsi que le moteur à vapeur doivent commander la même transmission, de manière à pouvoir faire marcher la machine électrique soit par le moteur à vapeur, soit par le moteur hydraulique, soit enfin par ces deux moteurs réunis en temps de basses eaux.

Lorsque les chutes dont on fait usage sont hautes, le matériel producteur d'électricité se compose de turbines de petit diamètre, tournant à grande vitesse, et capables d'actionner directement les dynamos. Ce matériel est peu encombrant et peu coûteux, et il suffit souvent de construire un barrage de peu d'importance pour pouvoir emmagasiner une très grande quantité de travail qui sera disponible au moment voulu.

Le réglage de l'admission de l'eau doit se faire de la salle même des dynamos, à côté du tableau de distribution, à l'aide d'un indicateur constatant à chaque instant le nombre d'orifices ouverts, et par conséquent la puissance en chevaux dont on dispose. Cette disposition permet de faire varier le nombre de chevaux suivant les indications de l'ampèremètre, c'est-à-dire suivant les besoins de l'éclairage.

Le prix des moteurs hydrauliques est à peu près le même que celui des moteurs à vapeur ; mais si l'on tient compte des travaux accessoires, canaux d'amenée et de fuite, barrages, etc., on peut dire qu'il est souvent plus élevé. L'abaissement du taux de la consommation de charbon pour les moteurs à vapeur, joint à divers avantages tel que la facilité d'installation en un point quelconque, peut parfois leur faire donner la préférence sur les moteurs hydrauliques ; il convient dans chaque cas de se livrer à une comparaison sérieuse et approfondie, en tenant compte des frais de premier établissement et du capital correspondant aux frais annuels d'exploitation.

Direction. — Surveillance. — Comptabilité.

Le personnel doit se composer d'un directeur chargé de la haute direction technique et commerciale.

Le directeur apportera tous ses soins dans le choix de son personnel et dans l'organisation du service, de manière que la surveillance et l'entretien se fassent commodément et que dans le cas où l'un des ouvriers vient à manquer par suite de maladie ou d'accident, il puisse le remplacer immédiatement dans ses fonctions.

Chaque service doit être pourvu d'un chef propre.

On aura ainsi :

Un chef électricien surveillant l'état du réseau, les compteurs. les réparations et installations nouvelles chez les consommateurs et l'entretien des lampes servant à l'éclairage public. Cet entretien consiste dans le nettoyage journalier des lampes et des candélabres, ainsi que dans le remplacement des charbons des lampes à arc et des lampes à incandescence usées.

Un chef électricien surveillant le service du réglage et dirigeant les hommes chargés de la conduite et de l'entretien des dynamos.

Un chef mécanicien dirigeant le service des mécaniciens.

Un chef chauffeur dirigeant le service du chauffage, l'arrivée du charbon et l'enlèvement des cendres.

Enfin un comptable qui a sous ses ordres un garçon chargé de l'entretien des bureaux, du relevé mensuel des compteurs et des recettes.

Un surveillant-pointeur vérifie l'entrée et la sortie du charbon, des lampes, ainsi que les heures de travail des ouvriers.

Les chefs sont en quelque sorte responsables de tout ce qui se passe dans leurs services respectifs.

Relativement à la police générale de l'établissement, il doit y avoir à l'entrée de l'usine un règlement dont chaque ouvrier est supposé avoir pris connaissance en entrant.

On a souvent discuté le principe des amendes, je le crois salutaire, lorsqu'on en fait un usage modéré. D'ailleurs ces retenues de salaires doivent former un fonds de réserve et peuvent même au bout de quelques années constituer un capital destiné à venir en aide aux anciens ouvriers dans le besoin.

On peut également, pour s'attacher les bons ouvriers, leur assurer une augmentation de salaire fixe après un certain nombre d'années passées dans l'usine.

Les ouvriers doivent être assurés contre les accidents pendant le travail. Une légère retenue sur leurs appointements suffit à acquitter les annuités de cette assurance.

Cet ensemble administratif exige de la part du directeur beaucoup de jugement, il doit surtout s'attacher à prévenir les illégalités et les injustices.

Le directeur d'une usine doit s'y rendre avec exactitude, toujours s'en éloigner le moins possible, surtout pendant la marche de l'éclairage. Il exercera une surveillance continuelle soit depuis son bureau au moyen des indicateurs qui y sont placés, soit à l'usine même.

Lorsqu'il n'y a pas d'éclairage pendant la journée, on doit mettre en route la première machine une heure avant le coucher du soleil, un tableau placé dans l'usine devant indiquer l'heure exacte.

Lorsque l'ampèremètre indique que le nombre de lampes que peut alimenter la première dynamo est atteint, on met en route la deuxième machine, et ainsi de suite jusqu'au moment du maximum de consommation après lequel on arrête successivement les machines jusqu'au moment de l'extinction totale.

L'accident le plus à redouter est toujours l'extinction ; il faut toujours faire en sorte qu'elle ne puisse arriver. Dans les petites usines centrales, il est toujours préférable de faire emploi de deux groupes de moteurs dynamos, afin qu'une extinction totale ne puisse se produire. Dans les grandes usines, une machine dynamo doit travailler constamment à circuit ouvert et à une allure modérée, de telle sorte qu'au moindre besoin elle puisse être mise en communication avec le réseau.

Les réparations à la suite d'un arrêt pendant le fonctionnement devront se faire avec grande promptitude ; il est nécessaire pour cela d'avoir sous la main tous les outils et appareils pouvant avoir quelque utilité dans ce cas.

Le travail de la surveillance et de l'entretien ainsi organisé, le directeur doit donner tous ses soins au contrôle de la comptabilité dont la bonne tenue est souvent une des principales causes de succès d'un établissement industriel. On ne saurait donc donner trop de soins à cette partie du travail dans lequel se reflète la bonne ou mauvaise marche d'une usine.

Les livres de caisse, le journal, le grand-livre, doivent être souvent consultés par un chef soucieux de voir prospérer l'établissement qu'il dirige.

Malheureusement les travaux journaliers ne permettent pas de consacrer un temps suffisant à cette étude : souvent aussi, quand on entre dans les détails, l'ensemble échappe.

Il est d'une très grande importance de pouvoir embrasser d'un seul coup d'œil toutes les phases de la consommation, par jour, par mois, par année ; pour cela on peut avoir recours à l'emploi de tracés géométriques qui frappent mieux l'esprit que les chiffres, et permettent de saisir en quelques minutes, si la marche de l'entreprise est satisfaisante.

Il faudra, dans ce but, dans toutes les usines centrales, faire un large emploi d'appareils de mesure et de contrôle enregistreurs. Ceux-ci permettent d'enregistrer à chaque instant la dépense en ampères et la différence de potentiel, le moment de la dépense maxima et minima ; ils permettent encore d'exercer un contrôle des plus sérieux sur la vigilance des employés chargés de surveiller la marche des machines. Les variations de potentiel, en effet, ne devront pas dépenser 2 à 3 0/0 (sous peine d'amende).

Ces appareils de contrôle doivent être installés dans le bureau du directeur et bien placés pour qu'il puisse en distinguer nettement les indications sans quitter sa place.

La consommation de charbon doit toujours être sensiblement proportionnelle à la consommation du courant. L'examen des courbes de consommation dressées à cet effet doit indiquer nettement les variations en plus ou en moins. On doit en rechercher aussitôt les causes, elles peuvent être très diverses : chauffeur inhabile, fourneau mal disposé ; charbon de mauvaise qualité, chaudières en mauvais état, pertes dans les conduites de vapeur, etc.

On peut réaliser des bénéfices très grands en portant son attention sur la question du combustible et sur le bon fonctionnement des foyers employés.

La consommation du courant varie suivant les heures de la journée et suivant les saisons. Il sera également très intéressant de consulter les courbes de consommation aux deux époques de l'année où le service de l'éclairage atteint son maximum et son minimum, c'est-à-dire au milieu de décembre et à la fin de juillet.

Le directeur doit faire tous les jours un rapport détaillé de la marche de l'usine et indiquer sur ce rapport les consommations de charbon, d'eau, d'huile, de gaz, de chiffons, de lampes et ainsi que le débit de l'usine en ampères-heures de la journée et les heures de mise en marche et d'arrêt des chaudières, moteurs et dynamos qui seront préalablement numérotés.

Lorsqu'il y aura eu des accidents, des arrêts, il doit en

indiquer la cause sur ce rapport et les moyens qu'il pense employer pour en éviter le renouvellement.

Les courbes obtenues par les divers appareils enregistreurs devront être jointes aux rapports, afin que l'on possède pour chaque jour tous les chiffres et renseignements pouvant jeter quelque lumière sur la marche journalière de l'usine.

Il est nécessaire de tenir constamment à jour le plan du réseau indiquant le parcours et la disposition des conducteurs, leur section, leur longueur et le nombre d'ampères qu'ils débitent normalement.

Entretien des machines. — Du bon entretien des machines dépend la régularité de leur fonctionnement et surtout leur durée ; on ne saurait donc y apporter trop d'attention.

Tout d'abord la construction même doit être étudiée dans tous ses détails au point de vue de la facilité de l'entretien : les divers organes doivent être disposés de manière à rendre sûre et commode la lubrification de toutes les surfaces frottantes, à éviter les chocs et les vibrations qui deviennent si aisément des causes de détériorations rapides, à permettre de corriger les effets de l'usure et de supprimer le jeu que prennent les pièces mobiles au moyen d'un serrage graduel ; nulle part il ne doit pouvoir se produire d'effort exagéré dépassant les limites de résistance pratique. La considération si importante des facilités d'entretien intervient parfois pour limiter les dimensions des machines, car, lorsque les pièces sont très lourdes et encombrantes, les visites et les démontages deviennent des opérations malaisées, longues et onéreuses ; et, bien qu'il y ait économie de premier établissement à recourir à de très puissantes machines, ce motif a contribué jusqu'à présent à faire adopter dans quelques grandes usines centrales, la limitation de la force de chaque moteur à 1000 chevaux utiles. Toutefois, comme nous l'avons déjà vu, on arrive en employant un matériel de levage spécial à porter la puissance des unités mécaniques et électriques au chiffre remarquable de 10.000 chevaux.

Pour réduire autant que possible la dépense d'entretien et les interruptions de service dues aux réparations, il convient de procéder d'urgence aux menus travaux d'entretien dès que l'utilité s'en manifeste, de maintenir toujours l'ensemble en bon état, de soigner les garnitures, d'arrêter immédiatement les pertes d'eau, les pertes de vapeur, les rentrées d'air, de corriger les défauts d'isolement des machines, d'entretenir parfaitement les collecteurs et balais, les interrupteurs, coupe-circuits et appareils divers de distribution, enfin d'avoir certaines pièces de rechange, etc. Lorsque les machines sont en chômage, il est indispensable de ne pas les abandonner à elles-mêmes et de les faire tourner de temps à autre, afin d'éviter la rouille et de ne pas s'exposer à les retrouver incapables de fonctionner le jour où l'on en aurait besoin.

Une propreté minutieuse est de règle dans les usines, et il ne faut pas la considérer comme un vain luxe, mais comme une garantie éventuelle d'un bon entretien ; elle empêche les grippements, les échauffements des parties frottantes ; elle oblige surtout le personnel à voir souvent et de près tous les organes, à en surveiller le fonctionnement, à suivre les progrès de l'usure, de telle sorte qu'il ne peut manquer de constater les désordres qui se produisent et se trouve en mesure de prévoir et d'empêcher, par un arrêt ou une réparation faite à propos, les ruptures et les accidents.

CHAPITRE V

ÉTABLISSEMENT DU RÉSEAU, CANALISATION AÉRIENNE

Installation dans les villes. — Très rarement dans l'intérieur des villes, on installe les circuits d'éclairage électrique sur des poteaux plantés dans les rues, on se sert le plus souvent comme points d'appui, des bâtiments. Les fils sont placés, soit le long des murs, soit sur les toits et supportés par des potelets.

Lorsque les fils sont placés le long des murs ou des toits, ils doivent en être écartés d'au moins 20 centimètres.

L'écartement des fils parallèles dans le même plan horizontal sera d'au moins 10 centimètres dans les endroits où un grand nombre de fils suivent le même chemin.

Les supports seront placés tous les 10 mètres en ligne droite et dans tous les changements de direction.

Les supports en fer auront au moins 20 centimètres de scellement dans les murs.

Partout où il sera possible, les fils parcourus par des courants de même sens seront placés par série sur une même rangée d'isolateurs pour diminuer toute chance de mauvais contact.

Dans quelques éclairages publics de villes, les conducteurs sont soutenus à l'aide d'isolateurs placés sur des candélabres supportant les lampes électriques.

Les fils placés au-dessus des maisons sont à grandes portées, on les arrête à tous les supports, afin qu'ils ne soient pas coupés par le frottement sur les isolateurs et pour que chaque portée soit indépendante de la portée voisine. On se sert de potelets en fer léger, qu'on encastre dans un socle de fonte, fixé à la partie supérieure de la charpente.

On les étaye soigneusement dans toutes les directions ; le potelet n'a alors à supporter que le poids du fil, sa solidité étant assurée par les étais.

Comme il est difficile de surveiller l'état des lignes placées au-dessus des maisons et que les conducteurs peuvent être sujets à se rompre subitement et à tomber dans les rues, on les traversera autant que possible à angle droit afin d'atténuer le danger auquel sont exposés les passants.

CANALISATION SOUTERRAINE

On n'a recours le plus souvent pour la distribution de l'éclairage électrique dans les grandes villes qu'à la canalisation souterraine et principalement, pour des raisons de sécurité, malgré les dépenses considérables qu'elle nécessite.

C'est surtout aux États-Unis, à cause du grand développement de l'éclairage et des applications électriques en général que les études les plus approfondies ont été faites sur les canalisations électriques.

Les conduites souterraines pour l'éclairage des villes doivent être construites pour permettre facilement l'établissement de nouveaux branchements, l'augmentation ou la diminution de la section ou du nombre de câbles ainsi que les visites et réparations.

Il est aussi très important que les travaux de canalisation s'effectuent avec rapidité surtout dans les rues de faible largeur où la circulation est très active et aussi dans le but d'éviter les réclamations des riverains devant former la clientèle de la station.

Pour les grandes villes, la combinaison idéale consisterait assurément dans une large galerie souterraine sous chaque rue, où l'on placerait toutes les conduites d'eau, de gaz, d'air comprimé et de vapeur et les fils électriques pour le téléphone, le télégraphe et l'éclairage électrique. Mais, d'après des calculs, un semblable tunnel coûterait beaucoup trop cher et on a dû abandonner cette idée.

Les principaux systèmes de canalisations souterraines actuellement employés peuvent être ainsi classés :

1° Les systèmes à tirage ;

2° Les systèmes à fils noyés ;

3° Les systèmes à déroulement en conduites à couvercle ;

4° Les systèmes à déroulement en tranchée.

Systèmes à tirage

Ce système dans lequel les câbles sont tirés dans des tuyaux ou canaux spéciaux munis de regards suffisamment rapprochés est employé de préférence lorsqu'on fait usage de câbles d'un maniement facile et de sections inférieures à 100 $^m/_{m^2}$. Ce système est le plus souvent employé en Amérique comme répondant le mieux aux conditions actuelles du service électrique et de la voirie ; mais il faut prendre de très grandes précautions pour éviter que l'isolant se trouve endommagé.

Le tirage des câbles est effectué avec l'aide d'une corde que l'on passe au moyen de tringles de fer que l'on visse les unes au bout des autres. Le temps employé pour passer cette corde dans une conduite de 100 ^{m} de longueur est d'environ 20 minutes.

On a recours quelquefois à d'autres procédés, mais ils sont moins commodes.

Une fois la corde passée, on l'attache au câble de façon à ne pas exercer de traction sur l'isolant. La manière de tirer le câble varie suivant sa nature ; s'il n'est pas très long et très gros, il suffit de deux ou trois hommes. Si au contraire c'est un gros câble, on est obligé d'employer un cabestan.

La *Cie Popp* a primitivement adopté ce système pour une partie de la canalisation de son secteur. Des tuyaux en fonte sont placés bout à bout et recouverts à l'endroit du joint d'une bague également en fonte. Sur les côtés de cette bague on dispose des jarretières en caoutchouc de section carrée et celles-ci sont pressées fortement au moyen de colliers disposés sur les côtés et assemblés à l'aide de boulons et d'écrous, de manière à boucher les interstices. Dans les tuyaux ainsi réunis, on dispose des assemblages en bois goudronné ou paraffiné formant un très grand nombre de canaux au travers desquels les câbles bien isolés sont enfilés au moyen de fils de fer ou de cordes laissées au moment de la construction. Les tuyaux débouchent de distance en distance dans des trous d'homme et à chaque coin de rue dans des puits. De ces derniers les fils sont dirigés dans toutes les directions.

L'étanchéité de ces conduites est plus parfaite que celle des conduites à couvercle dans lesquelles l'introduction se fait par déroulement; par contre, il n'est pas facile de prendre des dérivations pour aller chez les abonnés, de telle sorte que cet inconvénient diminue les avantages de ce système moins coûteux de première installation.

Pour d'autres parties de son réseau, la Cie Popp a adopté récemment deux nouvelles constructions pour sa canalisation.

1° Des caniveaux rectangulaires en fonte ou en tôle sont emboîtés les uns à la suite des autres. Dans ces caniveaux on dispose bout à bout et les uns au-dessus des autres, des

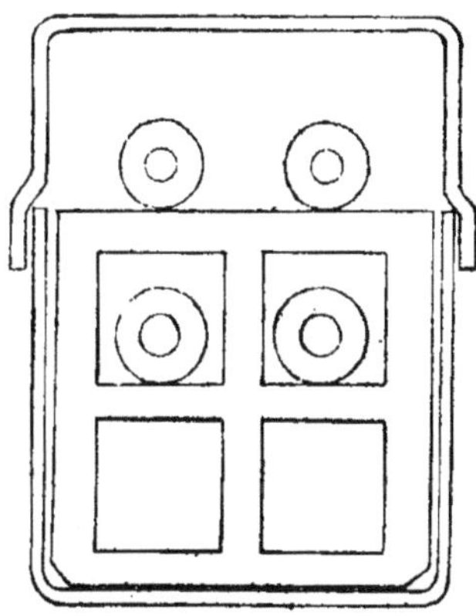

Fig. 37.

casiers en bois paraffiné de $1^{m}25$ de longueur. Ces casiers sont posés librement dans le caniveau, et ne sont tenus par aucune attache.

Les caniveaux sont de dimensions variables en profondeur et en largeur suivant le nombre de câbles qu'ils doivent contenir, mais le modèle représenté par la fig. 37 est le plus fréquemment employé.

Le principe de la distribution adopté par le secteur Popp est basé sur le rayonnement des circuits à 250 mètres de chaque sous-station, et comme on doit augmenter le nombre des câbles suivant la progression de la consommation, un certain nombre de canaux ont été laissés libres au moment de la pose.

La pose des câbles de charge, parcourus par des courants de haute tension, ainsi que les circuits de distribution placés sur leur parcours, est effectué à ciel ouvert; elle peut donc être faite avec beaucoup de soins.

Pour faciliter le déroulement et le tirage des câbles à ciel ouvert dans les casiers, et économiser sur le nombre d'hommes employés à ce travail, on dispose de distance en distance et au-dessus des caniveaux, des poulies en bois, mobiles sur un axe supporté, à ses deux extrémités, par deux pièces fixées provisoirement sur les parois latérales du caniveau.

Aux courbes et changements de direction, on dispose des cylindres de bois mobiles sur un axe vertical égalemant fixé sur les parois latérales des caniveaux et de manière à empêcher les câbles de sortir en dehors de ces caniveaux et d'aller frotter contre des objets extérieurs.

Les câbles étant tirés, on enlève ces appareils, on dispose les câbles dans leurs rainures et on recouvre les caniveaux de leur couvercle. Dans tout le parcours des caniveaux où il n'y a pas à faire de branchement pour les abonnés, les caniveaux sont recouverts d'un couvercle plat possédant deux petits rebords. Dans ce cas, les câbles de charge passent à la partie supérieure du caniveau. Sur les parcours où l'on prend des dérivations pour les abonnés, les caniveaux sont recouverts de couvercles dits « couvercles d'abonnés » laissant un espace suffisant pour ajouter au-dessus des deux câbles de charge, les deux câbles de distribution à basse tension.

Les câbles de distribution sur lesquels doivent être effectuées des prises d'abonnés sont toujours placés à la partie supérieure des caniveaux et les deux câbles de charge dans les deux canaux immédiatement inférieurs. Les autres câbles de distribution sont placés au-dessous des câbles de charge et on les fait revenir à la partie supérieure du caniveau sur tout le parcours où ils doivent distribuer du courant. Le changement d'ordre dans les caniveaux est effectué dans les regards.

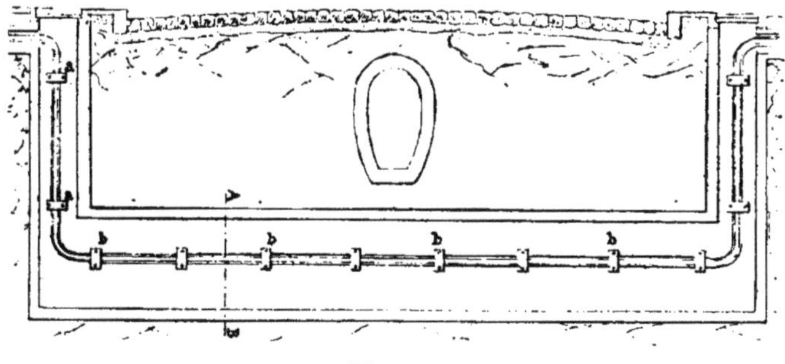

Fig. 38.

Pour le passage des câbles dans les traversées de chaussées, on établit des galeries. Nous donnons fig. 38 le type le plus employé. Elle indique le passage d'une galerie au-dessous d'un égout, avec deux câbles de chaque côté.

En sortant du caniveau, les câbles descendent verticalement le long des puits ou cheminées de regard au moyen de taquets supports *a* dans lesquels se trouvent pratiquées des entailles demi-circulaires destinées à les recevoir, et pour les maintenir on rapporte une petite pièce de bois rectangulaire de même largeur que le support et qui se trouve serrée sur celui-ci par deux boulons à queue de carpe scellés dans la maçonnerie. Dans la galerie même, les câbles sont maintenus par des supports analogues dont les entailles au lieu d'être circulaires sont à crémaillère (fig. 39).

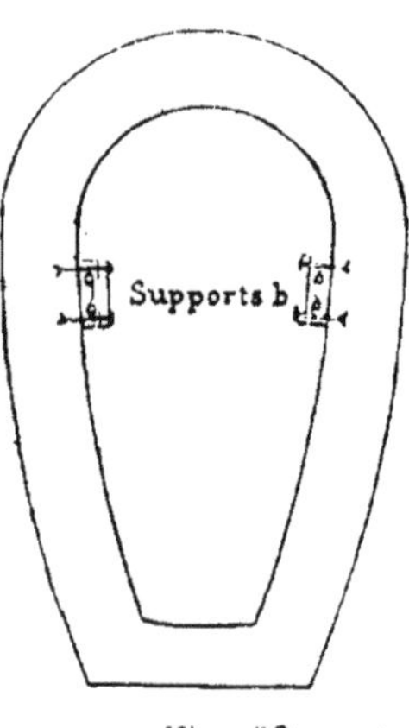

Fig. 39.

Ainsi que le montrent les figures 40 et 41, les prises d'abonnés sont faites dans des boîtes en fonte posées sous terre directement sur le caniveau, c'est-à-dire que le couvercle est enlevé sur la longueur occupée par la boîte.

Cette boîte d'abonné se décompose en trois parties principales :

La partie inférieure *a* ;

La partie supérieure *b*,

Et le couvercle *c*.

Pour garantir l'intérieur de la boîte des infiltrations ou de l'humidité, on a rapporté deux bandes de caoutchouc faisant le tour, puis on serre et on réunit le tout au moyen de boulons. Dans la partie supérieure *b* se trouvent deux ouvertures *a* venues de fonte, destinées au passage des câbles venant de chez l'abonné.

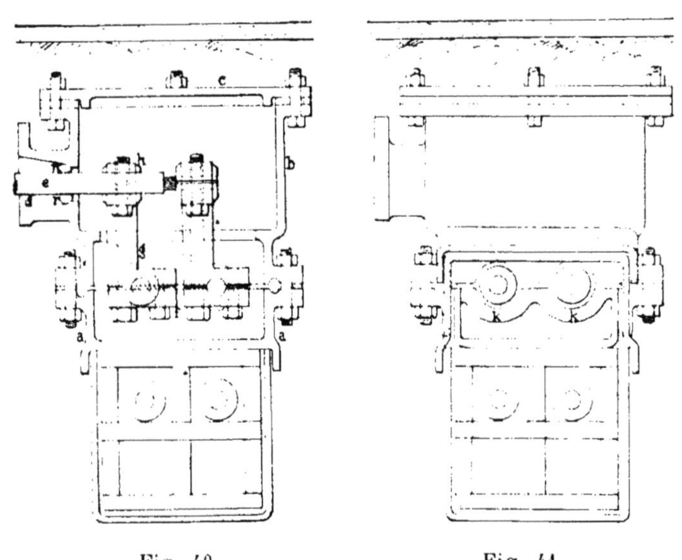

Fig. 40. Fig. 41.

A l'intérieur de la boîte se trouvent également des griffes en cuivre étamé qui transmettent le courant des câbles du circuit aux câbles des abonnés de la façon suivante : après avoir mis à nu le câble du circuit sur une longueur de 0m15 environ, on rapporte sous ce câble une pièce *f*, par dessus une pièce *g*, et enfin la pièce *h*, et pour assurer la communication, ces trois pièces se trouvent réunies et fortement serrées au moyen de boulons, après avoir préalablement introduit le câble d'abonné entre les pièces *g* et *h*;

comme le diamètre de ce câble varie avec l'importance de l'éclairage, on passe alors une bague en cuivre que l'on remplit de soudure pour combler le vide entre le câble et l'ouverture des pièces *g* et *h*.

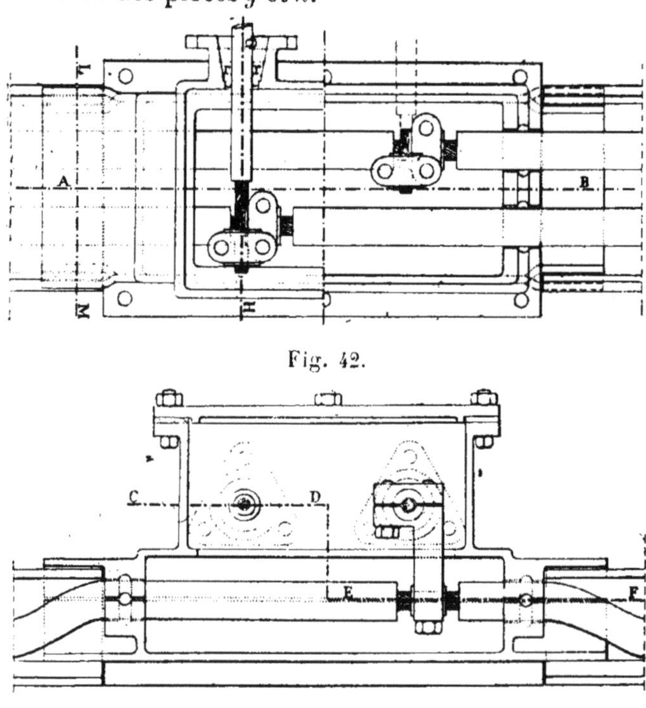

Fig. 42.

Fig. 43.

Ainsi que le montre la coupe longitudinale (fig. 43), les câbles de distribution qui, dans la longueur du caniveau, reposent sur le dessus du casier en bois, s'élèvent pour entrer dans la boîte; ils sont maintenus par deux coussinets K venus de fonte et fixés par une bague en caoutchouc faisant le tour du câble (voir coupe transversale LM), ils sortent de la boîte de la même manière qu'ils sont entrés.

Les ouvertures a, dans lesquelles passent les câbles de l'abonné sont hermétiquement fermées au moyen d'une bague en caoutchouc p.

En dernier lieu, la Cie Popp a apporté deux modifications à sa boîte d'abonnés (fig. 44) ; ces deux modifications

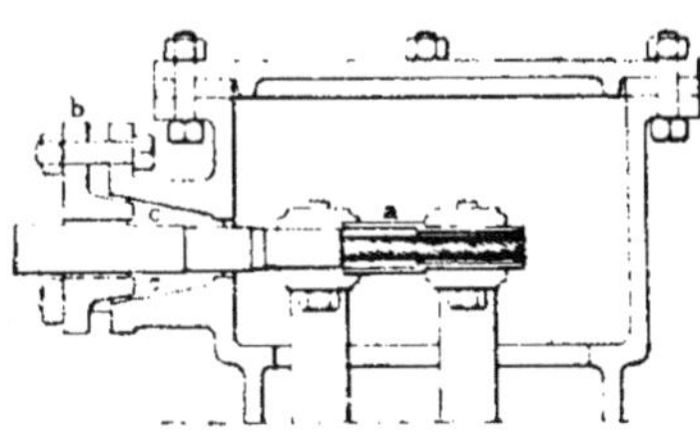

Fig. 44.

consistent dans l'adjonction d'une douille de raccordement a autour du câble nu, et d'un presse-étoupes en fonte b sur le cône en caoutchouc. Ce presse-étoupes a pour but de fixer et de maintenir le cône en caoutchouc c dans son logement respectif.

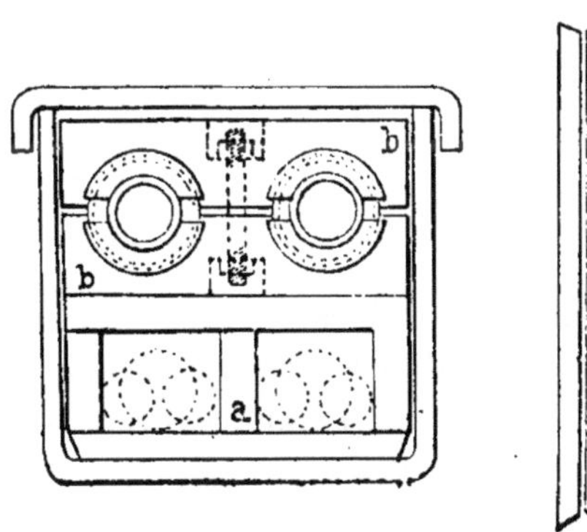

Fig. 45.

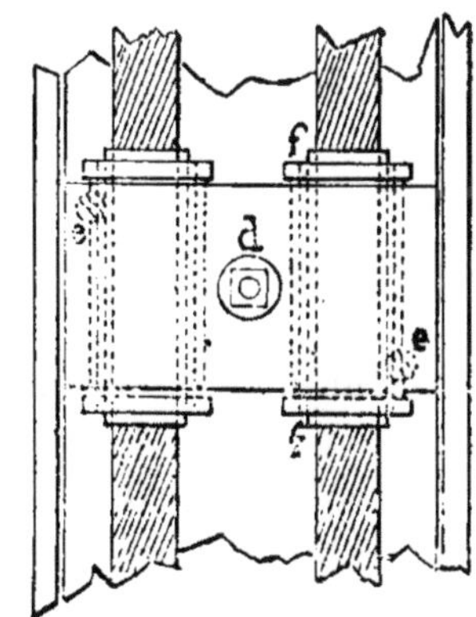

Fig. 46.

2° Le deuxième système de canalisation adopté par la Cie Popp et dont le premier modèle est reproduit fig. 45 et 46, se compose d'une enveloppe rectangulaire en fonte surmontée d'un couvercle. Dans le fond est posé librement un casier *a* en bois paraffiné : à l'intérieur de ce casier passent les câbles de charge isolés sans prises d'abonnés. Au-dessus de ce casier se trouvent disposés de 1m25 en 1m25 des supports également en bois paraffiné en deux parties. Les câbles nus reposent sur la partie inférieure de ce support, et l'isolement se fait au moyen de deux coussinets demi-circulaires en porcelaine ; on rapporte ensuite la partie supérieure sur la partie inférieure, et l'on serre le tout au moyen du boulon *d* et de deux vis C. Quand les câbles nus sont de plus petite section que ceux dessinés dans la figure, on glisse une enveloppe en chanvre goudronné *f* entre le câble et le coussinet pour combler le vide.

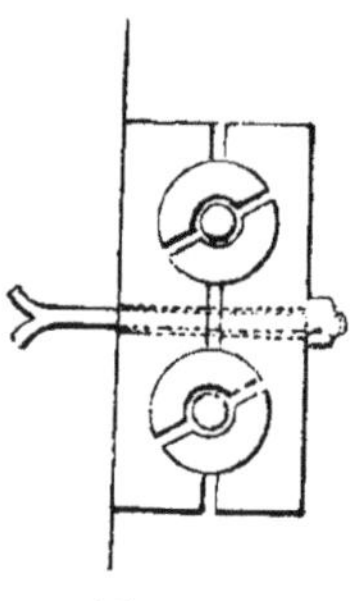

Fig. 47.

Le second modèle de caniveau à câbles nus est en tout semblable au premier, avec cette différence que les câbles de charge sont supprimés, et que les supports prennent dans ce cas toute la hauteur du caniveau.

Dans les galeries de traversées de chaussées, les câbles

sont maintenus aux parois au moyen de supports représentés par la fig. 47.

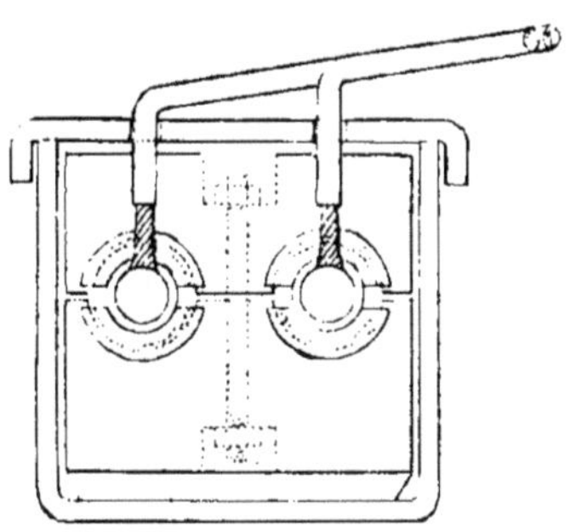

Fig. 48.

La fig. 48 représente un branchement pour abonné pratiqué sur une canalisation à câbles nus. Les câbles d'abonnés sont épissés sur les câbles nus et passent à travers le couvercle dans lequel on perce deux ouvertures circulaires. Cette manière d'opérer les branchements est provisoire et la Cie Popp étudie en ce moment divers systèmes définitifs de boîtes pour câbles nus.

Les fig. 49, 50 et 51 représentent l'installation des câbles dans les tampons de regard. Les fig. 52, 53 et 54 représentent la boîte d'abonnés dont fait usage la Cie Popp. *a* sont les bornes, *b* l'interrupteur et *c* le coupe-circuit. La manœuvre de l'interrupteur se fait du dehors, en introduisant une clé dans la poignée *d*

Systèmes à fils noyés.

Ce sont ceux dans lesquels les fils sont placés à perpétuité, en quelque sorte, et dont le déplacement exige l'ouverture d'une tranchée. Ce système est assez employé dans

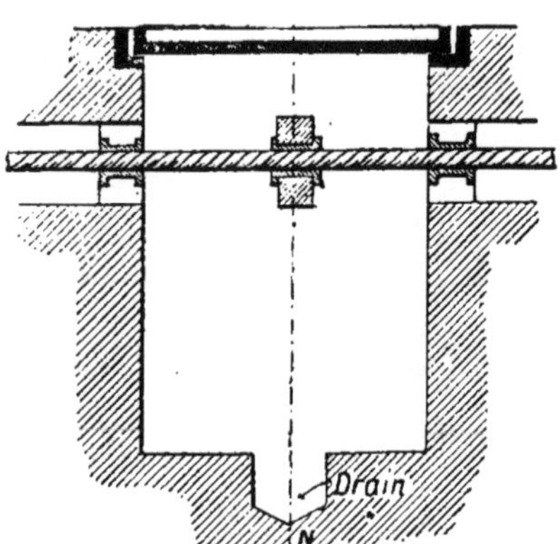

Fig. 49.

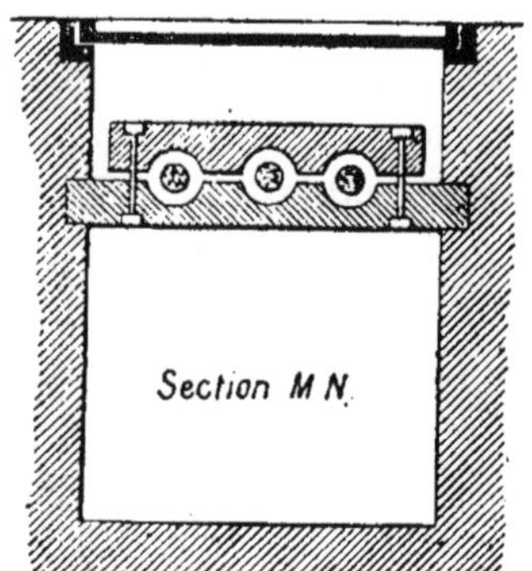

Fig. 50.

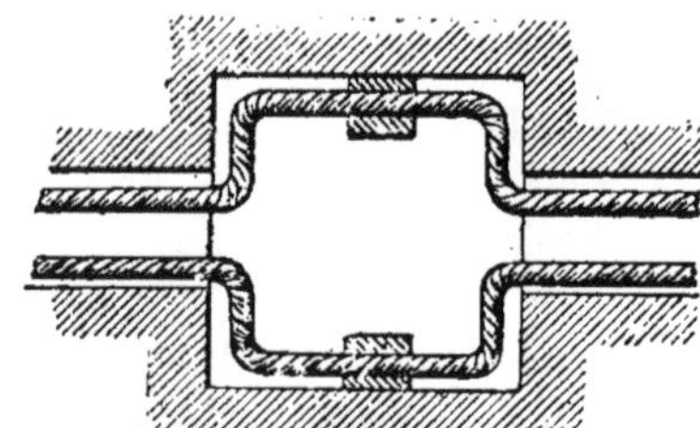

Fig. 51.

les installations isolées malgré les résultats variables que l'on a obtenu au point de vue de l'isolation (voir 1er volume, page 282).

Fig. 52.

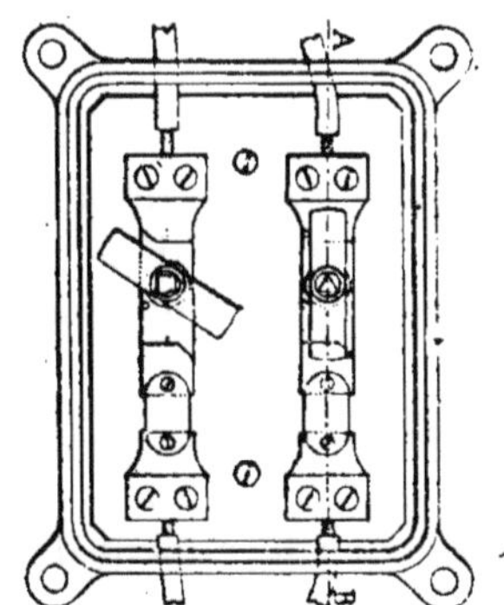

Fig. 53.

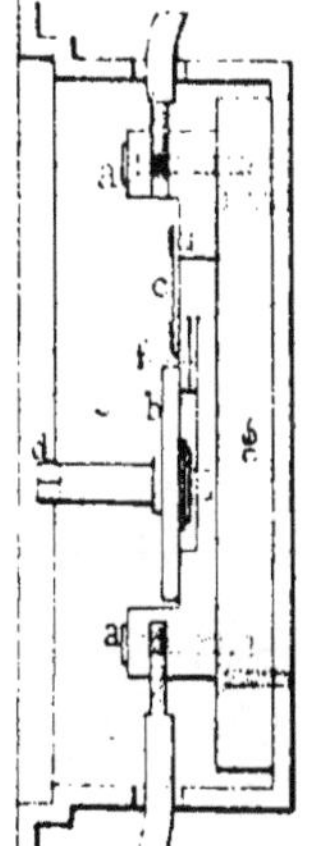

Fig. 54.

Systèmes à déroulement en conduites à couvercles.

Pour les canalisations importantes exigeant des câbles de grande section, il faut recourir à ce système, mais il nécessite un bouleversement continuel des rues ou trottoirs pour les nombreuses réparations et embranchements nouveaux qui ne peuvent être exécutés qu'en ayant recours à des fouilles plus ou moins étendues. C'est, en général, à ce système que l'on a eu recours à Paris pour la distribution de l'éclairage électrique.

Canalisation de la Cie Edison. — Les caniveaux renfermant les câbles nus sont en béton aggloméré (gravillon et mortier de ciment de Portland) ; ils sont de différentes largeurs selon le nombre des conducteurs qu'ils contiennent. Ils sont sous trottoirs à une profondeur de 0 m. 15 environ et à 1 m. 10 sous chaussée ; ils suivent la pente du sol, et sont hermétiquement fermés par des dalles de recouvrement de 1 m. de longueur, également en béton, dont les joints sont scellés au mortier pour éviter les infiltrations.

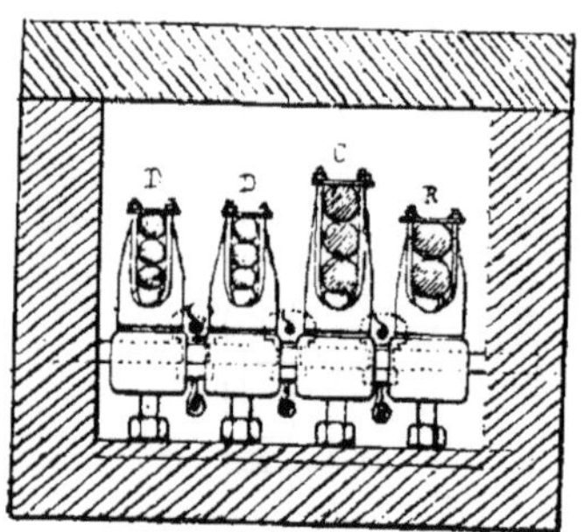

Fig. 53.

Les fig. 55 et 56 montrent un des types employés.

Les câbles sont supportés par des isolateurs en porcelaine *a* (fig. 57) que surmonte une chape de métal *b* destinée à les recevoir. Après les avoir étirés et tendus au moyen de mouffles manœuvrés à bras d'homme, on les fixe de la façon suivante :

Fig. 56.

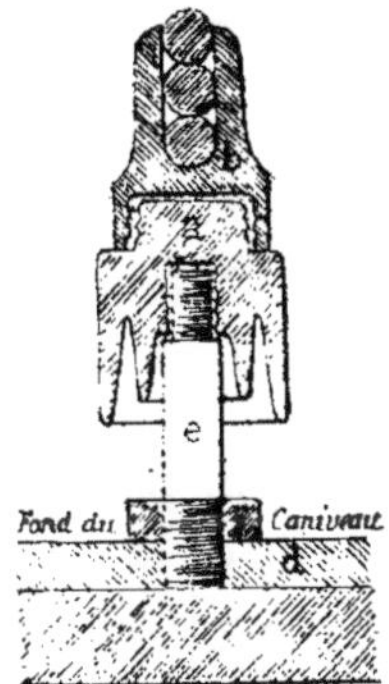

Fig. 57.

De chaque côté de la chape on a passé sous des saillies formant bavette un étrier en fer *c* en forme d'*u*, dont les branches sont filetées à la partie supérieure, et destinées à recevoir une petite traverse avec deux écrous faisant serrage.

Une tige de fer filetée *e* et un contre-écrou *f* fixent la cloche sur la traverse de fond *d*.

Ces traverses sont espacées dans les caniveaux de deux mètres en deux mètres.

Dans les endroits où la place est restreinte, la Cie Edison fait usage d'une poterie rectangulaire vernissée représentée par les fig. 59, 60, 61.

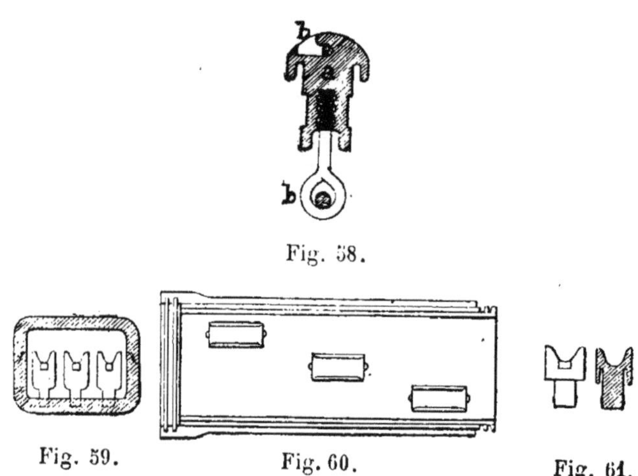

Fig. 58.

Fig. 59. Fig. 60. Fig. 61.

Dans cette conduite sont disposés des isolateurs en porcelaine représentés à droite de la conduite et qui sont scellés au soufre. Les câbles sont simplement posés sur des isolateurs et fixés par des fils de cuivre maintenus par des oreilles ménagées sur les isolateurs.

Les fig. 62, 63, 64 représentent un nouveau modèle d'isolateur. On a ménagé aux quatre coins de cet isolateur rectangulaire des encoches pour le passage des boulons maintenant les isolateurs les uns sur les autres.

Sur le premier isolateur fixé directement sur la tige de fer galvanisé, est placé le premier câble surmonté d'un au-

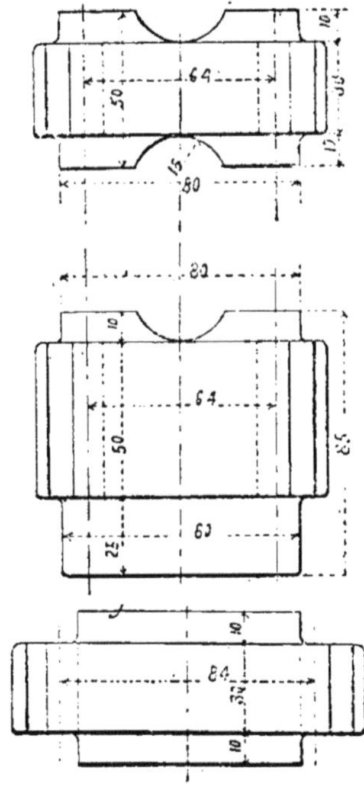

Fig. 62.

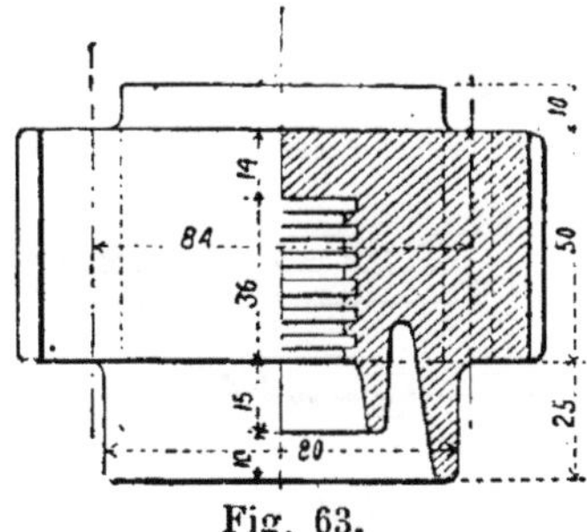

Fig. 63.

tre isolateur moins épais que le premier. Sur ce deuxième isolateur passe le deuxième câble surmonté également d'un troisième isolateur, etc. On voit que cette ingénieuse disposition permet à peu de frais d'augmenter le nombre des câbles au fur et à mesure des besoins et de placer le maximum de câbles dans une conduite donnée.

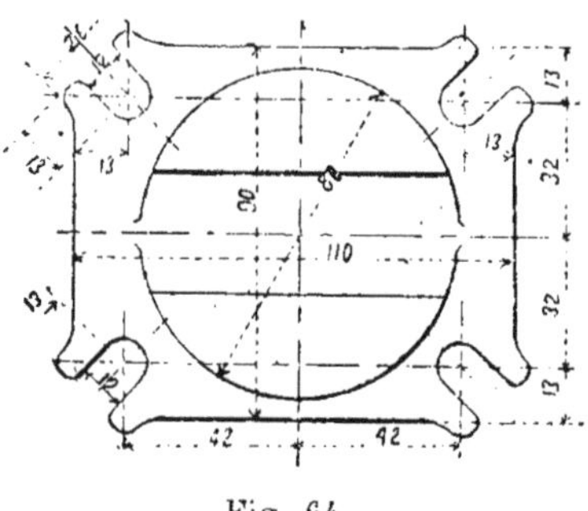

Fig. 64.

Entre chaque rangée de cloches, est établie une autre rangée de petits isolateurs en porcelaine *a* (fig. 58). qui supportent les fils de contrôle *b*.

Ces petits isolateurs sont fixés sur une traverse en fonte scellée de chaque côté dans les murs du caniveau.

La Cie Edison emploie pour ses voies étroites des câbles isolés renfermés dans des tuyaux en grès vernissé, dont les fig. 65, 66, 67 représentent la forme.

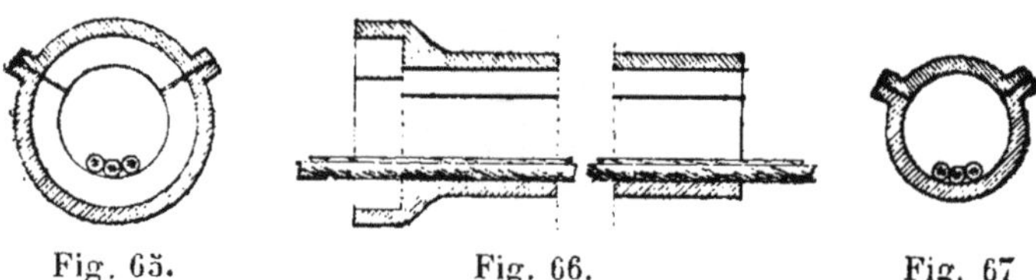

Fig. 65. Fig. 66. Fig. 67

Ces tuyaux sont operculaires, c'est-à-dire portent sur toute leur longueur un couvercle qui rend plus facile la pose des câbles.

Les galeries servant au passage des câbles sont de deux types : 1 m. 90 × 1 m. 00 et 1 m. 50 × 0 m. 75.

Leur disposition étant sensiblement la même que celle des galeries employées par la Société de la Transmission de la Force, on peut se reporter aux fig. 78, 79 et 80.

Pour le passage des galeries sous un égout, les câbles sortent des caniveaux, descendent le long des parois de la cheminée de regard entre deux cloches scellées dans la maçonnerie. Chaque conducteur, composé de un ou plusieurs câbles, est maintenu entre ces deux cloches (fig. 68) par une bride.

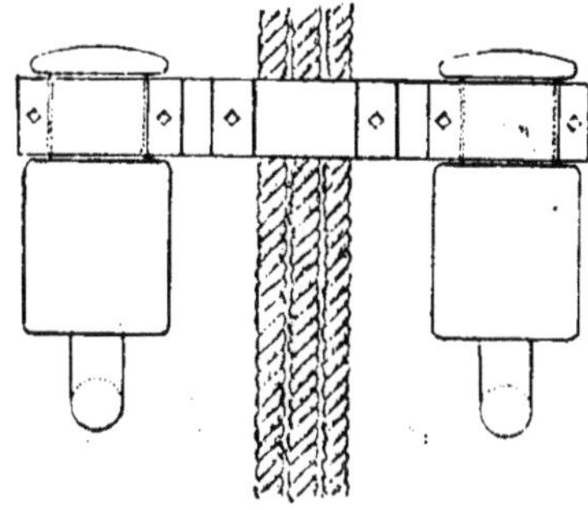

Fig. 68.

Les fils de contrôle sont sous plomb et placés dans des moulures en bois adossées aux pieds droits de la galerie.

Les difficultés des terrains exigent forcément d'autres types, mais ils sont trop nombreux pour que nous puissions les reproduire ici.

Les câbles sont nus ou isolés. Ils sont en bronze silicieux et leur section varie de 50 m/m² à 525 m/m².

Ils pèsent jusqu'à 8 à 9 tonnes par kilomètre.

La tension moyenne supportée par ces câbles est de 100 volts sur tous les points du circuit.

Des trous d'homme existent tous les 25 mètres.

Le raccordement des câbles nus se fait comme l'indique la fig. 69, par la superposition des câbles sur une longueur minimum de 3 m. 00. Le serrage se fait au moyen des étriers *a*.

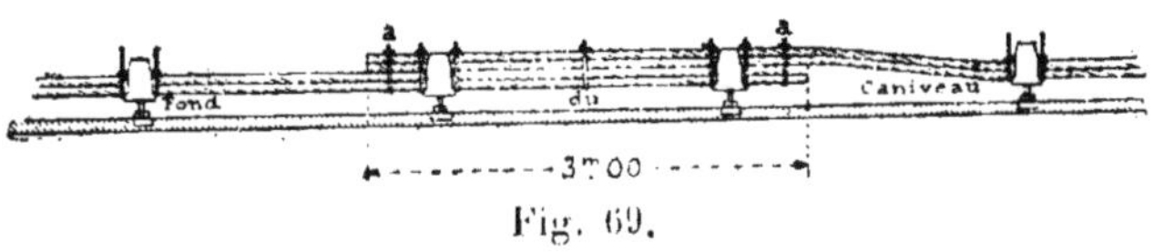

Fig. 69.

La jonction des petits câbles d'abonnés avec les câbles nus des caniveaux se fait de la même façon, la partie du petit câble, mise à nu, étant posée sur le plus gros sur une longueur de 0 m. 20 à 0 m. 30.

Le raccordement des extrémités de deux câbles isolés se fait de la façon suivante. Les câbles sont mis à nu sur une certaine longueur en retournant l'enveloppe de toile sur elle-même (fig. 70); l'épissure faite, les deux parties de

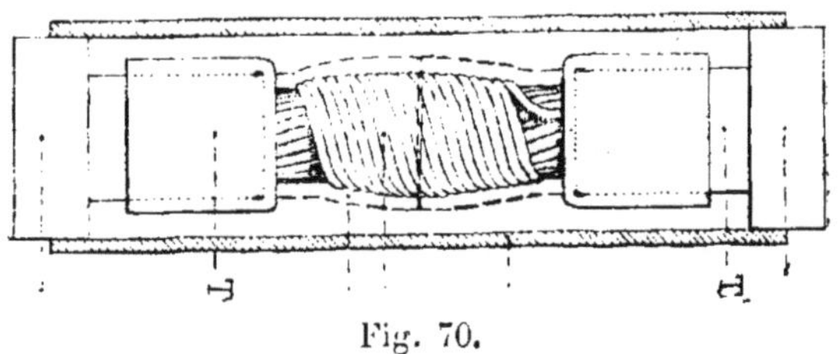

Fig. 70.

toile sont rabattues sur les câbles. Le raccordement est ensuite recouvert par un fourreau dans lequel on coule de la paraffine.

Les câbles d'abonnés sont placés sous le sol dans une moulure en bois goudronné avec une planchette formant couvercle.

Les jonctions des câbles d'abonnés sur les câbles principaux se font sur une longueur de 0 m. 30 et sont maintenues par des étriers.

A l'entrée des câbles dans la maison à éclairer, on dis-

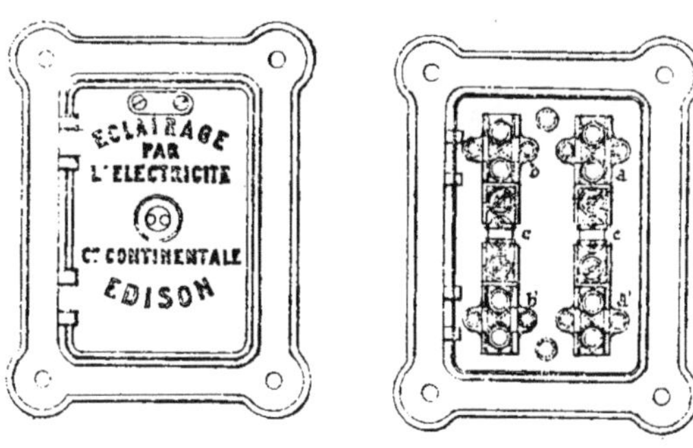

Fig. 71. Fig. 72.

pose des boîtes de branchement (fig. 71 et 72) destinées à protéger l'installation contre les courts-circuits. Les bornes a, a', b, b', sont vissées sur une plaque d'ardoise, et sont reliées entre elles à volonté par une plaque de métal fusible c qui sert de coupe-circuit.

En enlevant les 2 plombs fusibles c on interrompt la communication.

Une grande économie a été réalisée par l'emploi des fils nus au lieu des fils sous plomb, et c'est la Cie Edison qui a employé la première ce système de canalisation.

Canalisation de la Société de la transmission de la force. — Cette société emploie le même système de canalisation que celui de la compagnie Edison. Les modèles d'isolateurs ainsi que les dimensions des conduites seuls diffèrent (fig. 73 à 76).

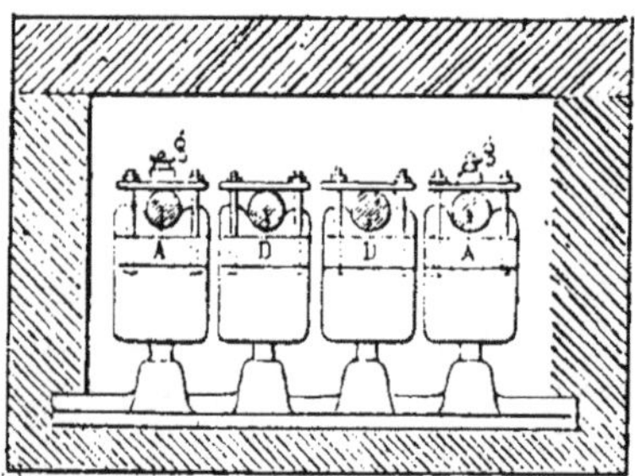

Fig. 73.

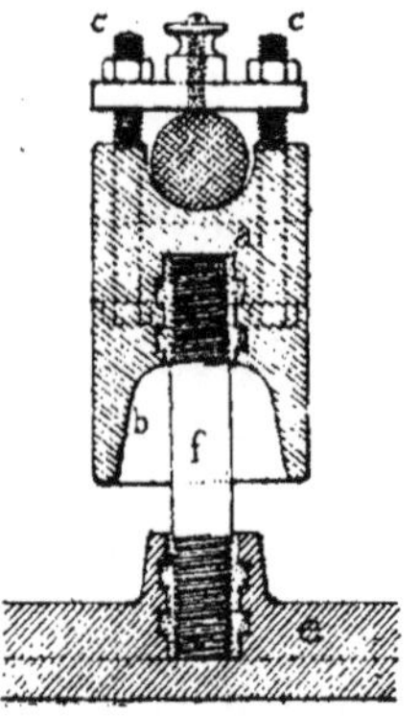

Fig. 74.

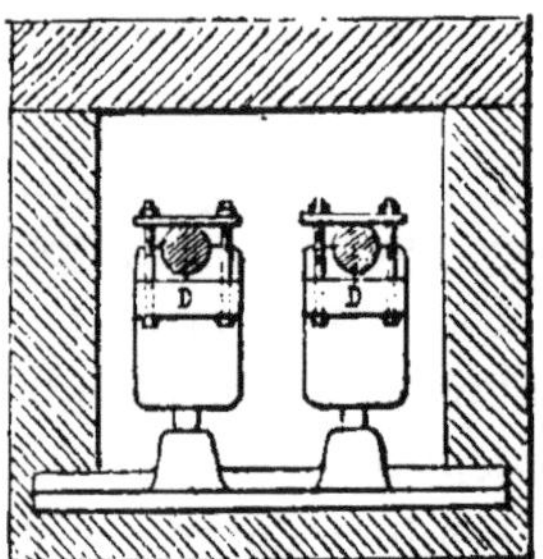

Fig. 75.

Les câbles sont supportés et isolés par des cloches rectangulaires en porcelaine *a* évidées à l'intérieur comme en

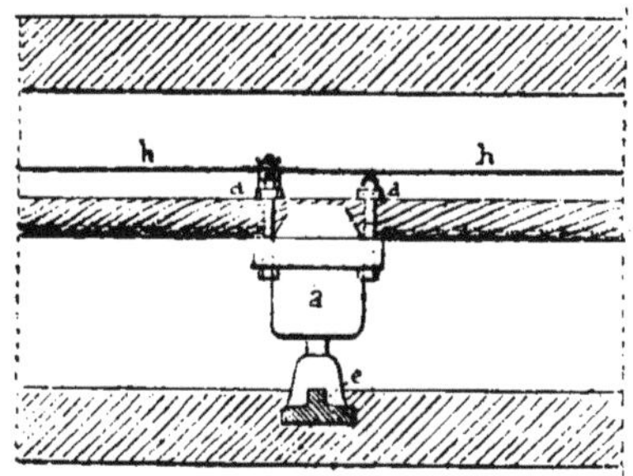

Fig. 76.

b. Les câbles préalablement étirés et tendus au moyen de mouffles manœuvrés à bras d'homme, sont maintenus sur ces cloches au moyen de barrettes en fer galvanisé *d* serrées par 4 boulons *c* passant dans 4 trous percés dans la cloche.

Les cloches sont fixées sur des traverses de fonte *e* au moyen de tiges de fer *f* dont les 2 extrémités filetées sont scellées au soufre.

Les 2 petites poulies en porcelaine *g* sont destinées à recevoir les fils de contrôle *h*.

Depuis peu, on emploie au lieu de ces petites poulies les isolateurs représentés dans la fig. 77.

Les traverses supportant les cloches sont espacées de 3 m. en 3 m. sauf dans les tournants ou arrondis des trottoirs où elles sont beaucoup plus rapprochées.

Le service municipal de la ville de Paris n'autorisant les traversées de chaussées au moyen de conduites que dans les voies de peu de largeur et peu fréquentées, la société de la Transmission de la Force a fait construire pour le passage de ses câbles dans les autres voies, des galeries qui sont établies à des profondeurs variables à cause des égouts municipaux.

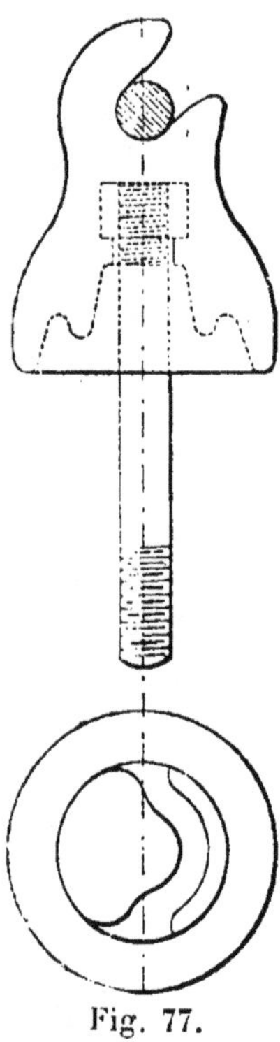

Fig. 77.

Les galeries sont construites en meulières, sans ouvrir de tranchée à la surface du sol ; elles ont 1 m. 80 de hauteur sous clé sur 1 m. de largeur ; des cheminées de regard garnies d'échelons en fer galvanisé servent à la descente, elles sont fermées par des tampons en fonte asphaltée.

Les fig. 78, 79, 80 indiquent la position des câbles dans les caniveaux, passant sous chaussée ; un trou percé au fond du regard sert à l'écoulement de l'eau ; des fers à I sont

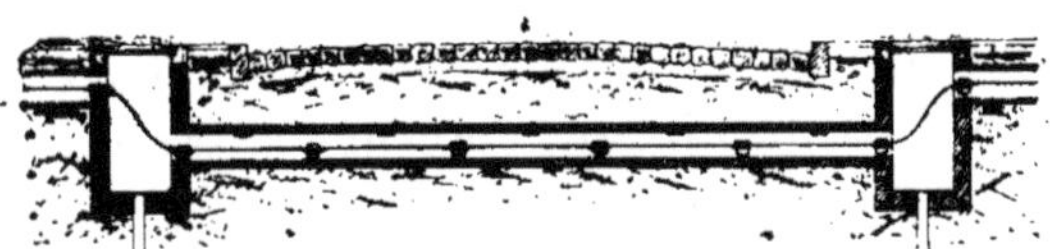

Fig. 78.

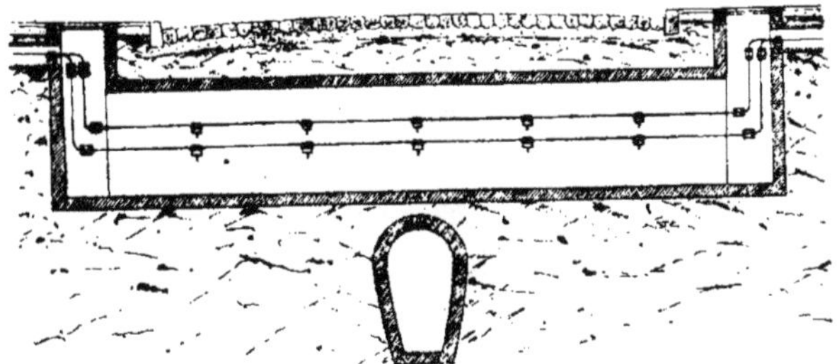

Fig. 79.

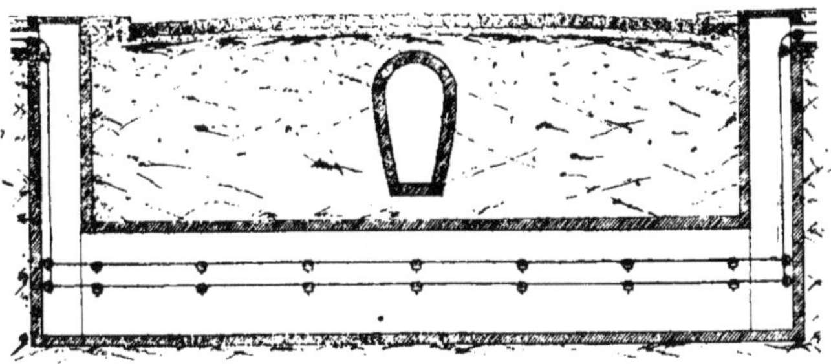

Fig. 80.

posés de distance en distance pour empêcher les dalles de recouvrement de s'effrondrer sous les trépidations des voitures.

Le deuxième type, employé très rarement, indique le passage d'une galerie au-dessus d'un égout.

Les câbles sortent des caniveaux, descendent le long des parois de la cheminée sur des cloches horizontales terminées par une tige droite à queue de carpe ; ils contournent les murs de la cheminée de descente, et se dirigent vers les pieds droits de la galerie où ils passent 2 par 2, ou 1 par 1, selon le nombre, sur des cloches semblables aux précédentes, sauf la tige qui, au lieu d'être droite, est à coude.

Le type n° 3 indique le passage d'une galerie au-dessous d'un égoût. Les câbles sortent des caniveaux et descendent le long des parois de la cheminée. Les cloches sont semblables à celles du type n° 2, c'est-à-dire que celles de la cheminée sont à tige droite, et celles de la galerie à tige coudée.

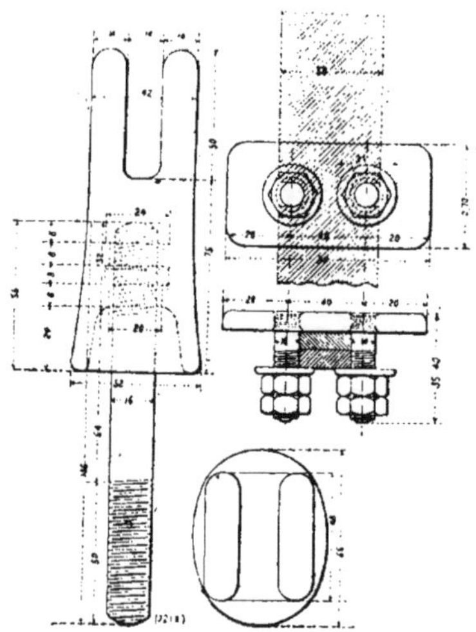

Fig. 81.

Les fils de contrôle passent au-dessus des cloches sur des petites poulies en porcelaine comme dans les caniveaux.

L'épuisement de l'eau quand il y en a, se fait au moyen de pompes.

Dans quelques parties du réseau où l'espace utile est très restreint, la société a substitué des bandes rectangulaires de cuivre aux câbles. Ces bandes sont supportées par des isolateurs de forme spéciale (fig. 81), placées bout à bout puis reliées par des machoires plates en fer fortement serrées. Ces bandes de cuivre portent à leurs extrémités des échancrures où passent les boulons de serrage

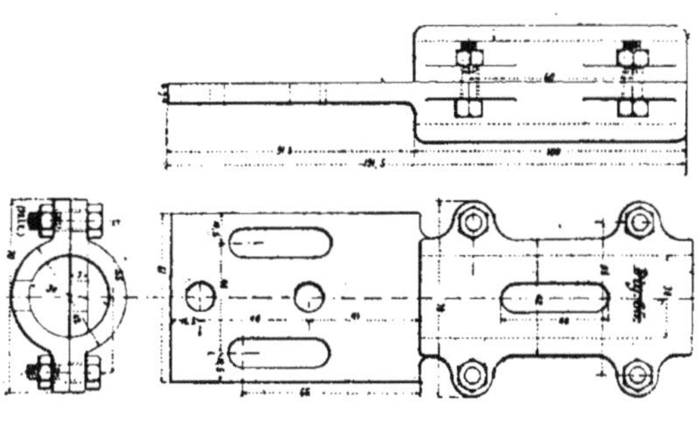

Fig. 82.

qui permettent de les maintenir parfaitement en place et d'empêcher tout glissement. Après que les bandes sont reliées on les soude pour assurer un contact parfait. Les jonctions entre les bandes et les câbles sont faites au moyen d'un fourreau d'un modèle spécial (fig. 82) dont l'une des parties est munie d'une douille circulaire pour le câble et l'autre une douille plate pour la bande.

Après que le tout a été fortement boulonné, on verse de la soudure pour remplir les espaces vides.

Lorsqu'il y a lieu de raccorder les extrémités de 2 câbles nus (fig. 83), on fait sur chaque câble une 1/2 section dans le sens transversal et longitudinal, puis on les rapproche bout à bout et l'on rapporte autour de la section un fourreau de 0 m. 15 de longueur environ composé de 2 pièces

Raccordement des câbles entre eux

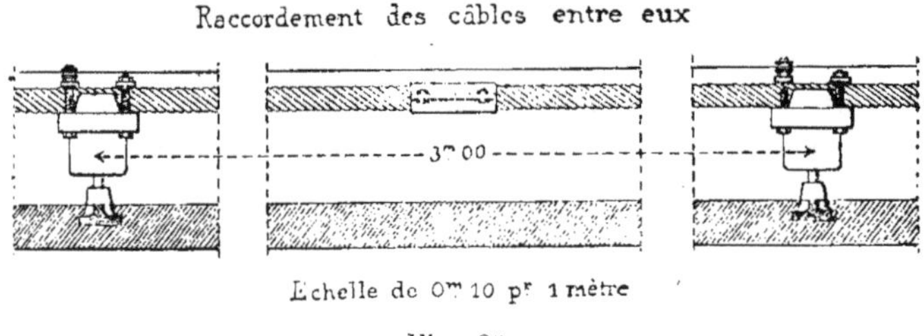

Échelle de 0m 10 pr 1 mètre

Fig. 83.

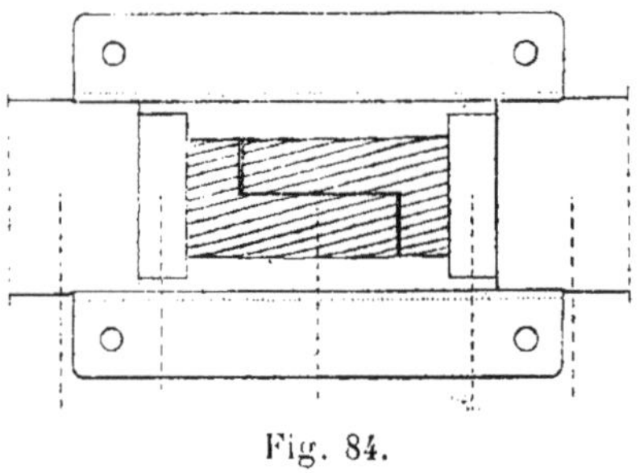

Fig. 84.

serrées par 4 boulons. On coule ensuite de la soudure à l'intérieur pour assurer la conductibilité. Le raccordement des câbles isolés se fait de la même manière, le fourreau venant s'adapter sur la matière isolante comme dans la fig. 84.

Le modèle de boite de branchement employé par la société de la Transmission de la force est représenté fig. 85 et 86. Le châssis, la boîte, le couvercle et la cloison *a* sont en fonte; toutes les pièces intérieures sont en cuivre et sont isolées par une plaque de caoutchouc durci.

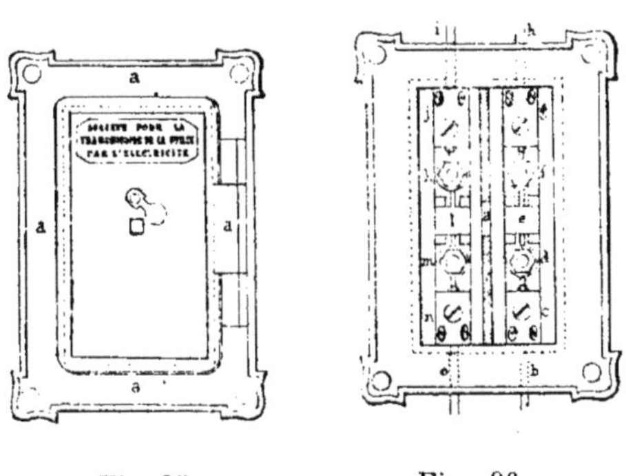

Fig. 85. Fig. 86.

Les câbles venant de la canalisation aboutissent à un écrou de serrage *d m*; ceux pénétrant chez le client portent des écrous K *f*; *e* et *l* sont les plombs fusibles. Lorsque l'on veut supprimer le courant chez l'abonné on enlève les 2 plombs fusibles.

Systèmes à déroulement en tranchée.

Pour la pose directe au fond des tranchées, il est nécessaire de faire usage de câbles spécialement construits et possédant une enveloppe extérieure pouvant résister aux coups de pioche des ouvriers chargés des réparations aux conduites d'eau ou de gaz.

Un pareil système a été employé par le *Secteur de la Place Clichy.*

Les conducteurs sont formés d'une âme en cuivre de haute conductibilité recouverte : d'une enveloppe isolante, d'une gaîne de plomb, d'une couverture en jute et finalement d'une bande de fer enroulée en spirale et d'une enveloppe générale en jute. L'âme est composée d'un seul fil pour toutes les sections inférieures à 30 $^{m}/^{m2}$ et de plusieurs fils pour les sections supérieures.

Dans ce dernier cas, un des fils peut être isolé des autres pour servir de fil de contrôle pour mesurer de la station centrale la tension au bout du câble. Il peut être aussi utilisé à mesurer le degré d'isolement du câble lui-même.

L'enveloppe isolante des câbles est composée d'une enveloppe de coton ou de bandes de jute roulées autour de l'âme de cuivre. Cette enveloppe est complètement desséchée par la chaleur à laquelle on la soumet dans le vide, et ensuite imprégnée d'une matière isolante qui donne à l'enveloppe une capacité d'isolation supérieure, à ce qu'affirment les propriétaires de ce procédé, à celle du caoutchouc, de la gutta-percha ou des autres substances similaires généralement employées pour un courant maximum de 2500 volts. Le fourreau en plomb est appliqué au moment où le câble, encore en cours de fabrication, est retiré de la cuve où il a été imprégné de matière isolante. Le plomb est placé au moyen d'une presse hydraulique très puissante et cette couverture est complètement homogène, compacte et libre de toute fissure, de telle sorte que le conducteur peut être placé sans danger dans toutes les positions. Après que cette couverture a été appliquée, le câble est placé pendant plusieurs heures dans une cuve remplie d'eau et pendant ce temps il est soumis à des mesures très soignées afin de prouver la valeur de l'isolement.

On doit ajouter que l'épaisseur des couvertures varie de 3 à 5 millimètres suivant le service auquel le câble doit être affecté.

La nature et l'épaisseur de l'enveloppe extérieure dépendent principalement des conditions dans lesquelles le câble est placé et les variétés suivantes sont régulièrement fabriquées.

1° Conducteurs CB (avec enveloppe de plomb) dans lesquels le fourreau n'a pas de couverture extérieure.

2° Conducteurs CA (avec fourreau de plomb protégé par de l'asphalte) dans lesquels le plomb est recouvert d'une enveloppe de jute asphaltée.

3° Conducteurs CBA (avec fourreau de plomb et protection en fer) dans lesquels l'enveloppe de jute est recouverte de 2 bandes de fer superposées enroulées dans la même direction, les joints des bandes intérieures étant recouverts par les bandes extérieures. Dans ce type, la couverture en fer est habituellement entourée d'une couverture extérieure en jute asphaltée.

4° Conducteurs C E A dans lesquels la couverture extérieure dont on vient de parler est remplacée par un fil de fer.

Le type C B peut être employé partout où le conducteur n'est pas exposé à des actions chimiques ou mécaniques qui peuvent être préjudiciables à l'enveloppe de plomb. Le type C A est adopté là où l'on craint les actions chimiques, mais où les conducteurs ne sont exposés à aucun effort sérieux ou choc.

Le type C B A est fabriqué pour résister à la fois aux actions destructives que l'on peut rencontrer quand les conducteurs sont placés sous les routes ou les pavés d'une ville. Enfin le type C E A est spécialement adopté dans tous les cas où une plus grande flexibilité est nécessaire, flexibilité qui ne peut être obtenue avec des conducteurs protégés par des rubans en fer. Tous ces câbles peuvent être faits concentriques avec deux ou plusieurs conducteurs séparés par une matière isolante. On en fabrique aussi contenant un fil de contrôle.

Tous ces câbles sont couramment fabriqués pour des sections de 1 à 1000 m/m².

Construits comme il vient d'être décrit, les câbles protégés par leur double enveloppe de plomb et de fer sont effectivement à l'abri de toute détérioration extérieure et ils peuvent être placés dans les tranchées sans aucune autre protection.

On prend cependant la précaution de disposer au-dessus des conducteurs un treillis en fil de fer galvanisé à mailles très serrées afin d'avertir les ouvriers posant ou relevant des conduites d'eau ou de gaz de leur présence, de telle sorte qu'ils ne les abiment pas avec leurs outils. On prend généralement aussi la précaution additionnelle de placer les conducteurs dans un lit de sable ou de gravier.

Aucun type de câble ne peut être posé aussi rapidement que ceux-ci, le travail le plus long étant celui nécessaire à l'ouverture et au remblai des tranchées qui ont généralement une profondeur de 0m50 à 0m60.

Toutes les connexions, jonctions, boites de distribution sont faites avec le plus grand soin afin d'empêcher l'humidité de pénétrer sur les conducteurs. Ces travaux sont faits sous la protection d'une tente imperméable.

L'isolement de tels conducteurs doit être parfait non-seulement sur tout leur parcours mais encore à tous les joints et branchements. A cet effet un certain nombre de dispositions spéciales sont employées pour assurer ce résultat. Les principales de celles-ci sont les suivantes :

(*a*) Pièces protégeant les extrémités ;
(*b*) Manchons pour épissures et branchements ;
(*c*) Boîtes de distribution et de fermeture de circuit.

Les pièces protectrices des extrémités pour les câbles de faibles sections sont faites de modèles différents. Celui montré dans la fig. 87 est employé pour les conducteurs

Fig. 87.

composés d'un simple fil. Il consiste en un tube en caoutchouc B lié fortement autour de l'enveloppe isolante du câble en C au moyen de fils en fer galvanisé.

Pour les câbles dans lesquels l'âme est formée d'une série de fils, on emploie la pièce F (fig. 88) en cuivre jaune galvanisé.

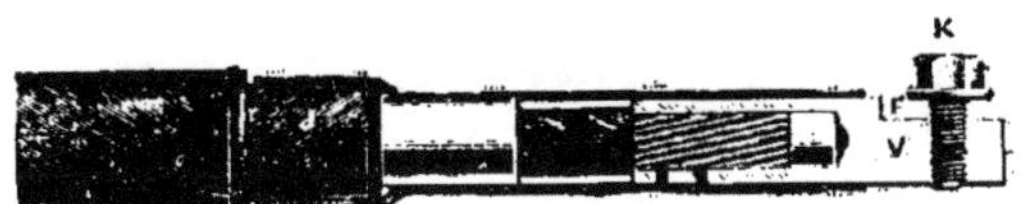

Fig. 88.

Cette douille est percée d'un trou de même diamètre que l'âme du cable et est fixée au moyen de plusieurs vis dont les extrémités sont taillées en pointe. Ces vis permettent de mettre rapidement à nu l'extrémité du câble et assurent un contact parfait avec la pièce F qui porte à son extrémité une autre vis K. Le tout est recouvert avec un fourreau en caoutchouc assez long pour prendre sur l'enveloppe de jute du conducteur auquel il est lié par un fil de fer galvanisé.

L'extrémité des câbles contenant un fil isolé servant de conducteur de contrôle, est munie d'une pièce comme celle montrée dans la figure 89. La pièce F est un peu plus lon-

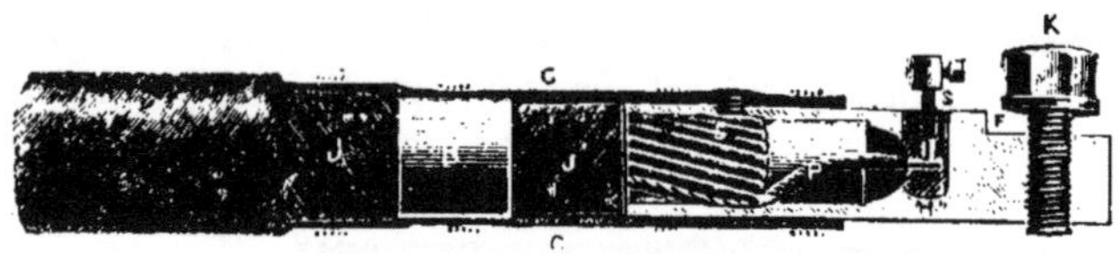

Fig. 89.

gue et est munie d'un arrêt H en ébonite. Dans cet arrêt est percé un trou cylindrique horizontal dans lequel vient s'engager le fil isolé qui est fixé au moyen d'une vis S. Les enveloppes isolantes sont arrêtées en JB et J' et le tout est recouvert d'un tube en caoutchouc maintenu par des enroulements de fil de fer. La figure 90 montre une autre disposition pour protéger le fil de contrôle.

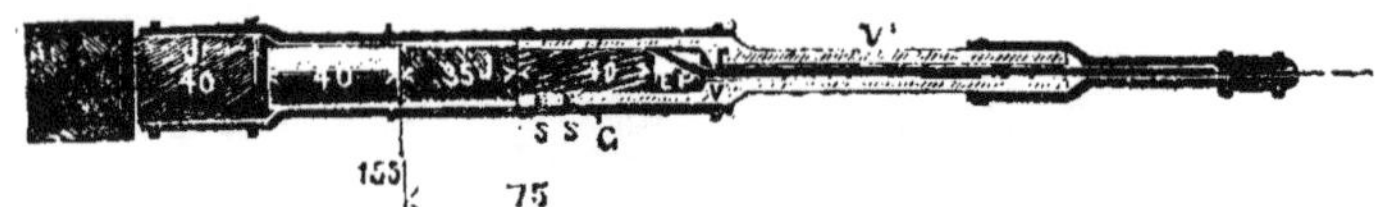

Fig. 90.

Les manchons sont employés pour assurer un bon contact entre deux câbles placés dans le prolongement l'un de l'autre et pour protéger contre l'humidité le contact lui-même aussi bien que l'isolement. Ces connexions sont faites au moyen de mâchoires en cuivre jaune galvanisé qui saisissent les conducteurs et sont enfermées dans des boîtes de fonte en deux parties, boulonnées ensemble et remplies d'asphalte. Des manchons de branchement sont employés pour protéger les connexions entre conducteurs placés à angle droit. Les fig. 91 et 92 montrent de semblables jonctions entre de gros câbles et entre de gros fils de contrôle. On obtient une connexion plus parfaite en fai-

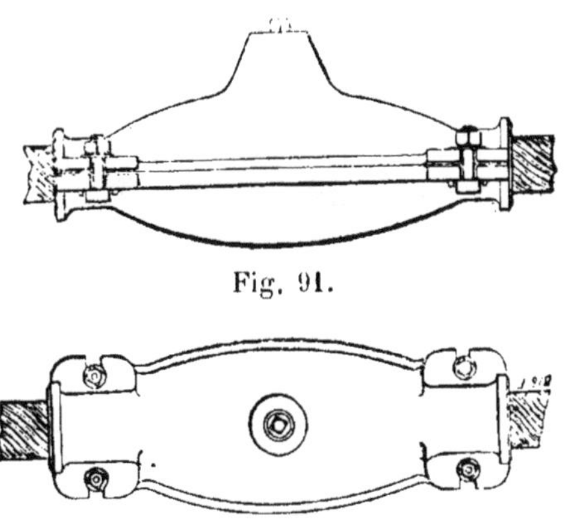

Fig. 91.

Fig. 92.

sant usage de boites en fonte dont les rainures sont garnies de chanvre goudronné, de telle sorte que ces conducteurs sont parfaitement protégés contre l'air et l'humidité. Les manchons diffèrent seulement par leurs dimensions qui varient suivant le diamètre des conducteurs.

Les réseaux doivent être sectionnés en de nombreux points pour donner la facilité d'essayer et de réparer les diverses avaries qui s'y produisent, afin d'éviter l'interruption du passage du courant sur de grandes longueurs de conducteurs. A cet effet, on dispose en divers points assez rapprochés du réseau des boites dites de distribution. Ces boites construites en fonte sont pourvues de couvercles à fermeture hermétique dans lesquelles sont placées les pièces de jonction réunissant les câbles qui aboutissent dans ces boîtes par des trous pratiqués sur les côtés. Quand les câbles ont une grande section, on place dans chaque trou un manchon en fonte (fig. 93), dans lequel le câble A

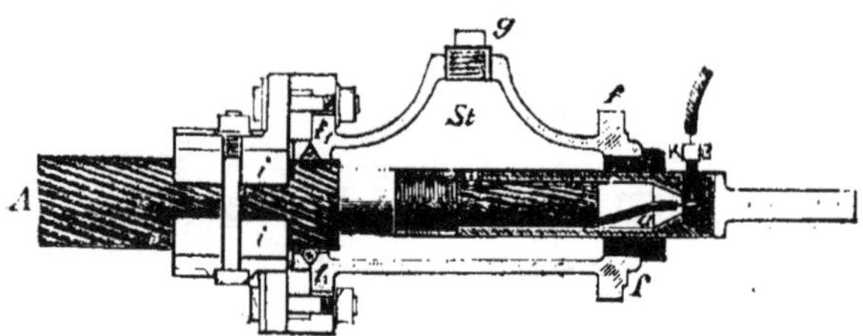

Fig. 93.

passe, protégé par une pièce d'extrémité se prolongeant dans l'intérieur de la boite. L'espace entre le câble et les côtés de la boîte est rempli d'asphalte liquide versé à travers l'ouverture G laissée en haut de la boîte.

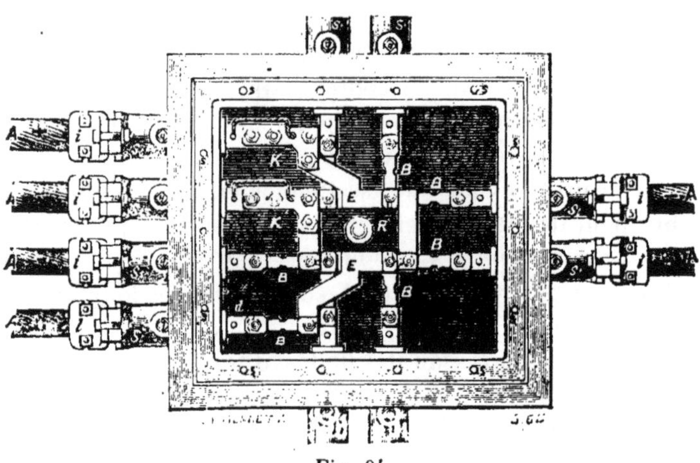

Fig. 94.

Pour compléter le joint, les deux conducteurs sont reliés par une barre de cuivre rouge. Quand le joint doit servir de fermeture de circuit, en cas d'accident sur la ligne, on fait usage d'une barre de plomb d'une section convenable. Les joints sont exécutés comme il est montré en

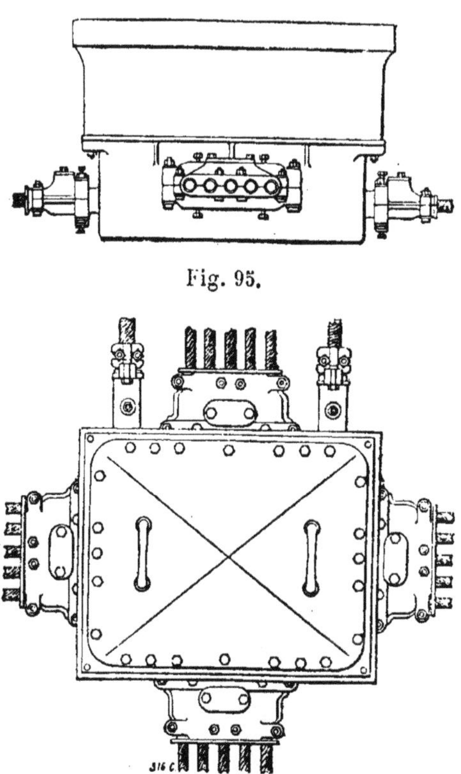

Fig. 95.

Fig. 96.

i, *f*, *f'*. La figure 94 représente une boîte de distribution pour système à deux conducteurs, mais construite pour recevoir 16 conducteurs d'une section maximum de 400$^{mm^2}$

Les connexions entre les conducteurs sont montrées en BE et K. Les manchons *St* sont du même type que ceux déjà décrits. Les fig. 95 à 96 montrent une boîte du même type, mais pour distribution à 5 conducteurs. Dans ce système de distribution, les sections employées sont très

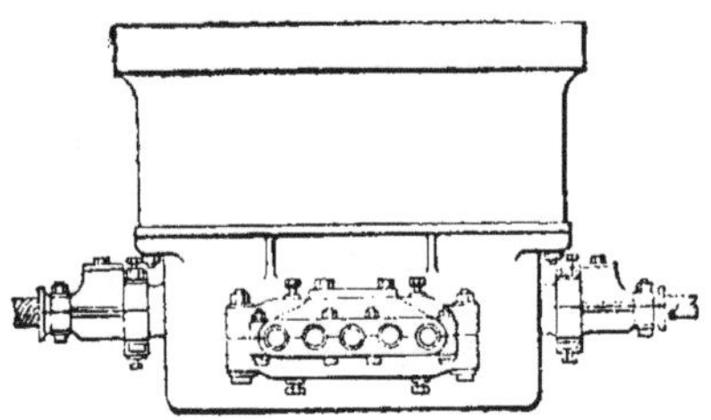

Fig. 97.

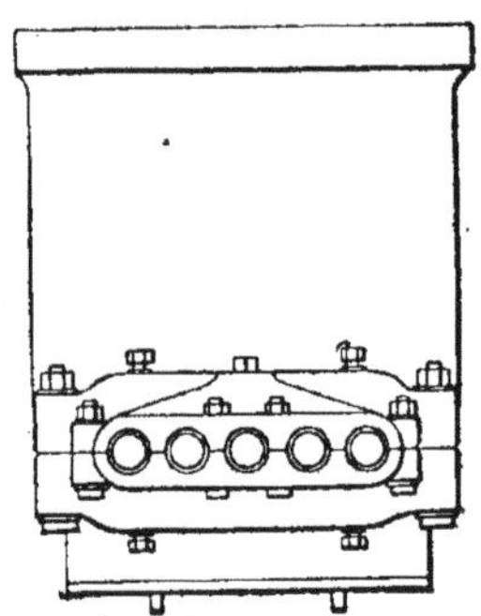

Fig. 98.

réduites et un manchon de contruction spéciale est employé pour chaque groupe de 5 conducteurs, ainsi une boîte de 20 conducteurs comprend seulement 4 manchons.

Quand ces boîtes sont destinées à recevoir des conducteurs auxiliaires (fig. 97 à 99), deux manchons spéciaux sont aussi employés ; la section de ces conducteurs est souvent très considérable.

Le passage des conducteurs sous les routes est effectué dans des tuyaux en fonte posés dans une tranchée. Les

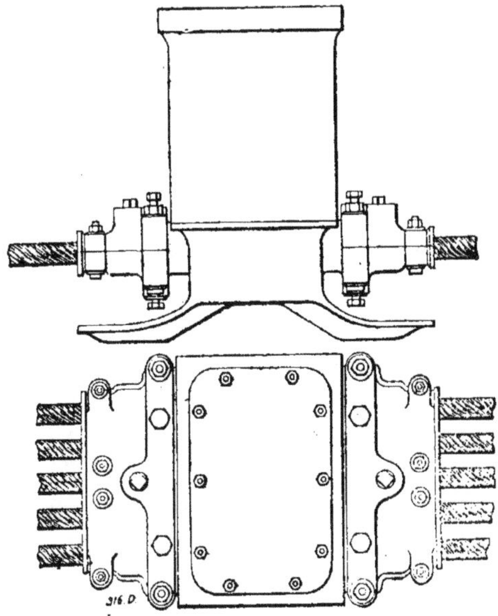

Fig. 99.

câbles sont tirés dans ces tuyaux et peuvent être facilement changés sans réouverture de tranchée sur la route.

Il est quelquefois utile d'être amené à couper le courant d'un abonné sans entrer dans son local, dans le cas de feu, de non paiement ou de mauvais usage du courant ; on emploie à cet effet une boîte spéciale de coupe-circuit.

ISOLEMENT DES CANALISATIONS ÉLECTRIQUES

Mesure de l'isolement. — La résistance à l'isolement d'une canalisation, est celle comprise entre le conducteur et la terre. Elle diminue en raison inverse de la longueur du conducteur, les dérivations à la terre étant d'autant plus nombreuses que celui-ci est plus long. Il est donc évident qu'à taux de perte égale, l'isolement kilométrique par exemple, doit augmenter avec la longueur des conducteurs.

Deux méthodes sont employées pour la mesure de la résistance à l'isolement : par comparaison et par substitution.

En raison des effets de condensation qui se produisent sur les conducteurs en expérience, il est indispensable lorsque l'on détermine une résistance d'isolement d'indiquer les conditions exactes dans lesquelles la mesure a été effectuée et particulièrement la durée de l'électrisation du câble. La lecture de la déviation du galvanomètre se fait ordinairement après une minute d'électrisation.

Il est préférable de faire l'essai dans les conditions exactes de fonctionnement des câbles, c'est-à-dire d'effectuer la mesure avec une tension au moins égale à la tension normale que doit supporter le câble. Lorsqu'il s'agit de mesurer la résistance à l'isolement de câbles devant supporter de très hautes tensions, on a recours à des trans formateurs.

L'isolement généralement demandé atteint des valeurs très élevés, souvent 1000 mégohms par kilomètre.

Dans les essais de canalisation, il est toujours préférable

de retrancher des essais, les canalisations intérieures des abonnés, celle-ci ayant des longueurs très variables, difficilement appréciables et possédant la plupart du temps un isolement peu élevé.

Localisation des défauts. — Une perte étant constatée dans un réseau, il est nécessaire de déterminer l'endroit où elle s'effectue. Cette recherche est souvent très longue particulièrement sur les réseaux à mailles. On essaie successivement les différentes parties des réseaux en les sectionnant aux boîtes de jonction. Les pertes se produisent rarement sur les conduites des rues, mais le plus souvent dans la canalisation des abonnés. Pour reconnaître les installations défectueuses, il est utile d'installer chez chaque abonné, un indicateur de terres, comme celui décrit page 225, 1er volume.

Les deux méthodes suivantes permettent de découvrir aisément l'emplacement des défauts.

Méthode de la boucle. — Elle n'est applicable qu'à la localisation des pertes à la terre sur des circuits bien définis, sur des feeders par exemple et pendant l'interruption du service.

Les deux conducteurs sont réunis à leur extrémité et l'essai se fait à l'usine au moyen d'un galvanomètre et d'un rhéostat à curseur placés tous deux en dérivation sur le départ des deux câbles. L'un des pôles de la pile est en communication avec le curseur et l'autre pôle avec la terre. Le curseur étant déplacé jusqu'au moment où l'aiguille du galvanomètre revient à zéro, si on appelle l et l' les nombres de divisions du rhéostat, situées de chaque côté du curseur, L et L' les deux parties du circuit limitées par le défaut, on a

$$\frac{L}{L'} = \frac{l}{l'}$$

Le résultat n'est exact que si le circuit en essai présente une résistance uniforme sur tout son parcours, ce qui ne serait pas le cas, s'il renfermait des jonctions laissant à désirer.

Méthode de M. Éric Gérard. — Si l'on suppose qu'il s'agit de rechercher une perte à la terre sur un conducteur isolé à ses deux extrémités, on relie l'une de celles-ci à une pile communiquant à la terre ferme par son autre pôle. Un interrupteur intercalé entre la pile et le conducteur produit des ruptures rapprochées du courant de manière à envoyer des courants intermittents sur la partie du conducteur en essai, comprise entre le défaut et la pile. On suit le conducteur à partir de la pile en lui présentant aussi près que possible un électro droit à noyau de fer doux divisé. Un téléphone que l'opérateur tient à l'oreille est relié à la bobine de cet électro. Les courants induits provoqués dans ce dernier par les courants intermittents parcourant le conducteur, sont accusés par le téléphone ; dès que l'on dépasse l'endroit du défaut, le bruit cesse aussitôt.

Cette méthode est applicable aux installations intérieures d'abonnés, en transportant la bobine parallèlement à la direction des fils dissimulés sous moulures ou dans les cloisons ou planchers, ainsi qu'aux canalisations souterraines en présentant la bobine au conducteur, dans les tampons de manière à localiser le défaut entre deux tampons successifs.

Il est très important, non seulement au point de vue du bon fonctionnement de la distribution, mais encore au point de vue de l'économie d'exploitation d'essayer souvent l'isolement les canalisations afin de supprimer les accidents qui peuvent susciter des pertes à la terre. Ces essais doivent être d'autant plus fréquents, que les conducteurs ont à transmettre des courants de forces électro-motrices plus élevées, car des défauts d'isolement s'y produisent plus souvent et y prennent vite une importance très grande.

Comme les essais de canalisations ne peuvent être effectués que sur la voie publique, les sociétés d'éclairage électrique ont dû créer des laboratoires ambulants pouvant être facilement amenés à l'endroit où une mesure d'isolement est à effectuer.

Celui employé par la Société de la Transmission de la Force, est établi dans une voiture de dimensions très réduites montée sur deux roues seulement. Deux personnes peuvent s'y tenir ; à l'arrêt elle est amenée et maintenue de niveau au moyen de charnières à vis, et les ressorts sont serrés de manière à éviter toute trépidation. A l'intérieur de la voiture, se trouve disposée une table sur laquelle sont placés les instruments de mesures et d'essais : galvanomètre à miroir, lampe, échelle, boîte de résistance. pile de 100 éléments, etc.).

Ce laboratoire permet de mesurer l'isolement d'un câble ou d'un branchement, ainsi que l'installation intérieure d'un abonné, par la méthode de substitution qui fonctionne dans ce cas à la même tension que celle à laquelle est soumis le réseau. L'essai se fait donc dans les conditions exactes de fonctionnement des câbles, et la facilité de déplacement de la voiture permet de renouveler les expériences à volonté.

Voici comment on procède, par exemple, pour la réception d'une installation d'abonné.

A l'avant et en dehors de la voiture est posé un rouleau qui porte un fil très fortement isolé. La communication avec la terre est assurée à l'aide de piquets en fer enfoncés entre les pavés près de la voiture. Ces piquets sont constamment arrosés par un jet d'eau provenant d'un réservoir placé dans le véhicule. La cabine étant immobilisée devant le branchement à essayer, on déroule le fil et on met en communication l'extrémité avec l'un des pôles de la canalisation près du compteur de l'abonné. Un autre fil relie la voiture aux piquets de terre. Un téléphone permet à l'inspecteur placé dans la cabine et à l'agent de la compagnie charger de vérifier l'installation, de communiquer entre eux.

Ce laboratoire ambulant donne de très bons résultats et permet de vérifier constamment l'état des canalisations intérieures placées chez les abonnés.

CHAPITRE VI

INSTALLATIONS INTÉRIEURES CHEZ LES ABONNÉS

Il convient pour chaque installation privée de dresser un plan des diverses parties du local à éclairer et d'y indiquer la position et l'intensité lumineuse des lampes, l'emplacement du compteur, le parcours et la section des conducteurs, enfin les emplacements des coupe-circuits, interrupteurs, prises de courants, etc.

La perte en volts maximum admise dans les installations privées, est d'environ 2 0/0 sauf dans les circuits de lampes à arc où la perte peut atteindre 15 à 20 0/0. Les conducteurs seront calculés et combinés de telle sorte que la perte en volts soit uniforme à toutes les lampes de l'installation. On emploiera au besoin l'une des combinaisons, trois-fils ou ceinture, décrites pages 179 et 180 (1er volume).

On joindra au plan une liste des locaux avec l'énumération du nombre et de la puissance des lampes qu'ils contiennent, un devis spécifiant le nombre et le modèle des divers appareils, coupe-circuits, interrupteurs, prises de courant, raccords, etc. ; donnant la désignation des appareils employés, suspensions, lustres, appliques, lampes portatives, etc.

Installation.

En sortant de la boîte de branchement établie sur la canalisation principale passant sous le trottoir longeant le local de l'abonné, les conducteurs se rendent directement à la boîte dite d'abonné encastrée à la partie inférieure de la façade du local à éclairer. Cette boîte d'abonné renferme un interrupteur que l'on peut manœuvrer de l'extérieur au moyen d'une clé spéciale, et un coupe-circuit double devant servir à isoler l'installation du réseau en cas d'accident ou de cessation de paiement.

De la boîte d'abonné les deux conducteurs principaux se rendent au compteur.

Compteurs. — Pour établir celui-ci, on choisira un emplacement où il se trouve à l'abri de l'humidité, où son accès sera facile pour l'employé chargé de relever ses indications et où il ne soit pas encombrant pour le consommateur.

En montant le compteur, on aura particulièrement soin d'établir la cage dans une position invariable et parfaitement horizontale. S'il n'en était pas ainsi, surtout si l'on fait emploi d'un compteur à balancier comme celui d'Aron, les indications seraient inexactes.

Il faut avoir soin de déterminer le positif et le négatif des conducteurs et de les relier convenablement au compteur, cette précaution n'est pas nécessaire avec les courants alternatifs mais est indispensable lorsque l'on a affaire à des courants continus sous peine de modifier la constante de l'appareil.

Si les bornes présentent des ouvertures trop petites, il faut les aléser sur place au diamètre des fils. Après l'alésage, enlever soigneusement toute trace de limaille et obturer les passages de fil avec un mastic isolant, afin d'empêcher l'accès des poussières.

Avoir soin aussi que le métal du circuit ne vienne pas un contact avec la masse métallique du compteur.

Vérification et règlage des compteurs. — Avant la mise en service des compteurs on fera bien de vérifier et de régler leur marche si elle n'est pas régulière.

Pour la vérification, on peut se servir d'un ampèremètre étalon ou, plus simplement, d'une série de lampes étalonnées en ampères sous une différence de potentiel connue. Les lampes, disposées en dérivation, sont maintenues à la différence de potentiel d'étalonnage et leur courant est envoyé dans le compteur à vérifier, soit I l'intensité du courant total alimentant les lampes, t le temps exprimé en heures et fractions d'heures pendant lequel ce courant traverse le compteur. Le nombre d'ampères-heures avec lequel il faut compter est $A = It$.

Les seules précautions à prendre sont : 1° Dans le cas où on lit l'intensité du courant à l'ampèremètre, d'être sûr de la graduation de cet ampèremètre et de sa constance ; 2° Dans le cas où l'on fait usage de lampes étalonnées en ampères, de maintenir la différence de potentiel à leurs bornes aussi constante que possible ; 3° De faire l'expérience pendant un temps assez prolongé pour diminuer autant que possible les écarts de lecture à l'ampèremètre dans le cas où le courant n'aurait pas été absolument régulier.

Dans les compteurs genre Cauderay, trois points doivent être vérifiés et réglés soigneusement.

1° *L'ampèremètre.* — On fait passer dans le compteur un courant d'intensité connue (de dix ampères par exemple), et il faut que l'aiguille vienne se placer devant le cadran à la division correspondant à dix ampères. Si cela n'a pas lieu, il faut agir convenablement sur les vis de réglage ou les contrepoids de l'ampèremètre, de manière à amener l'aiguille exactement à cette division.

2° *Mouvement d'horlogerie.* — Il se règle comme tout mouvement d'horlogerie en tendant ou en détendant le spiral.

3° *Réglage du déclanchement.* — Il faut vérifier si chaque déclanchement correspond bien à la position de l'aiguille de l'ampèremètre.

Pour le réglage des compteurs Aron, il faut contrôler la marche des deux pendules et la régulariser en cas de besoin. Aussi longtemps que le courant électrique n'exerce aucune influence sur le pendule de droite, les oscillations des deux pendules doivent être isochrones, afin que le mouvement différentiel qui commande le cadran de lecture reste immobile en l'absence du courant.

Pour effectuer ce réglage, on amène les aiguilles des deux petits cadrans à secondes placés sur les mouvements des deux pendules au parallélisme, en arrêtant le pendule de gauche et en ne lui rendant son mouvement que lorsque les aiguilles sont au même point sur leurs cadrans respectifs. Si les mouvements n'ont pas été dérangés pendant le transport, les deux aiguilles marcheront parallèlement ; dans ce cas, le cadran principal, qui est seul visible à travers le couvercle, n'indiquera aucun courant.

Dans le cas contraire, les aiguilles des petits cadrans chevaucheront, et celles du compteur proprement dit se mettront en mouvement.

Pour arriver à la régularisation de l'appareil, on n'ajustera que les poids du pendule de gauche, celui qui ne porte pas d'aimant, sous peine de fausser toutes les indications de l'appareil.

Quand on aura ainsi vérifié et réglé la marche du compteur, on pourra l'intercaler dans le circuit.

Dans le cas où, à la mise en service, les aiguilles du compteur ne sont pas ramenées au zéro, il est préférable de ne pas les y remettre et de faire une lecture qu'on déduira de la suivante, tout comme dans le service courant et comme dans celui d'un compteur à gaz ou à eau.

Canalisation. — Pour la pose des conducteurs, nous renverrons aux indications contenues chapitre IX, 1er volume de cet ouvrage.

Nous appellerons l'attention sur l'isolement des conducteurs, douilles, etc., montés sur les appareils à gaz. Chaque douille devra être isolée de son support par un raccord isolant. Chaque appareil sera isolé de la canalisation du gaz au moyen de raccords isolants spéciaux. On fera bien, au besoin et de préférence, d'isoler l'ensemble de la canalisation en intercalant un raccord isolant sur la conduite principale, immédiatement à la sortie du compteur.

L'installation terminée, il est nécessaire de vérifier son isolement avant de la mettre en service. A cet effet, on amène devant l'établissement éclairé un laboratoire ambulant dans lequel on effectue les mesures d'isolement. On emploie aussi des appareils portatifs très simples consistant en une machine magnéto-électrique que l'on met en mouvement à la main au moyen d'un manivelle et développant une force électro-motrice assez élevée. On mesure l'isolement des deux fils entre eux et successivement l'isolement des deux conducteurs avec la terre.

Nous indiquons ci-dessous les valeurs d'isolement réclamées par quelques secteurs de Paris, pour les installations devant être reliées à son réseau.

1° Entre les deux conducteurs :

2 mégohms pour 1 lampe;
200.000 ohms pour 10 lampes ;
20.000 ohms pour 100 lampes ;
Et ainsi de suite.
2° Entre chaque conducteur et la terre :
4 mégohms pour 1 lampe ;
400.000 ohms pour 10 lampes ;
40.000 ohms pour 100 lampes.

FIN

TABLE DES MATIÈRES

DU DEUXIÈME VOLUME

DEUXIÈME PARTIE

PROJETS DE DISTRIBUTIONS ÉLECTRIQUES

Laval. — Imp. et stér. E. JAMIN, 41, rue de la Paix.

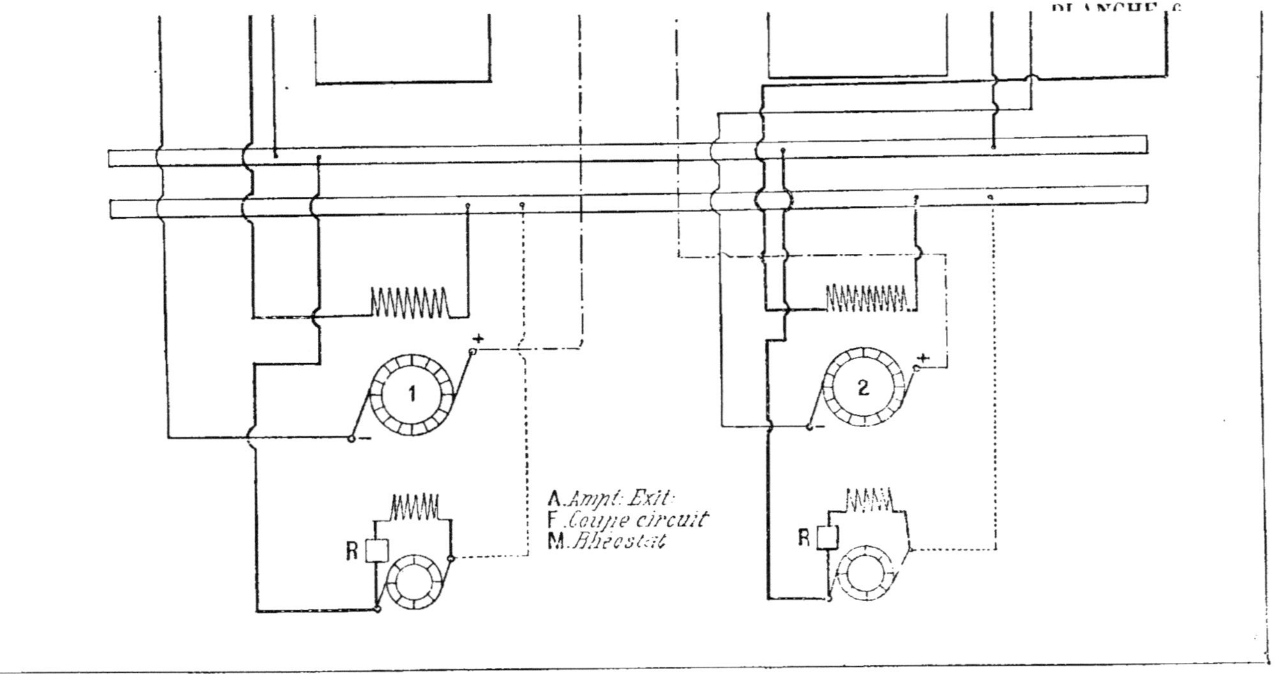

DISTRIBUTION PAR TRANSFORMATEURS A COURANTS CONTINUS. — TABLEAU DE STATION CENTRALE

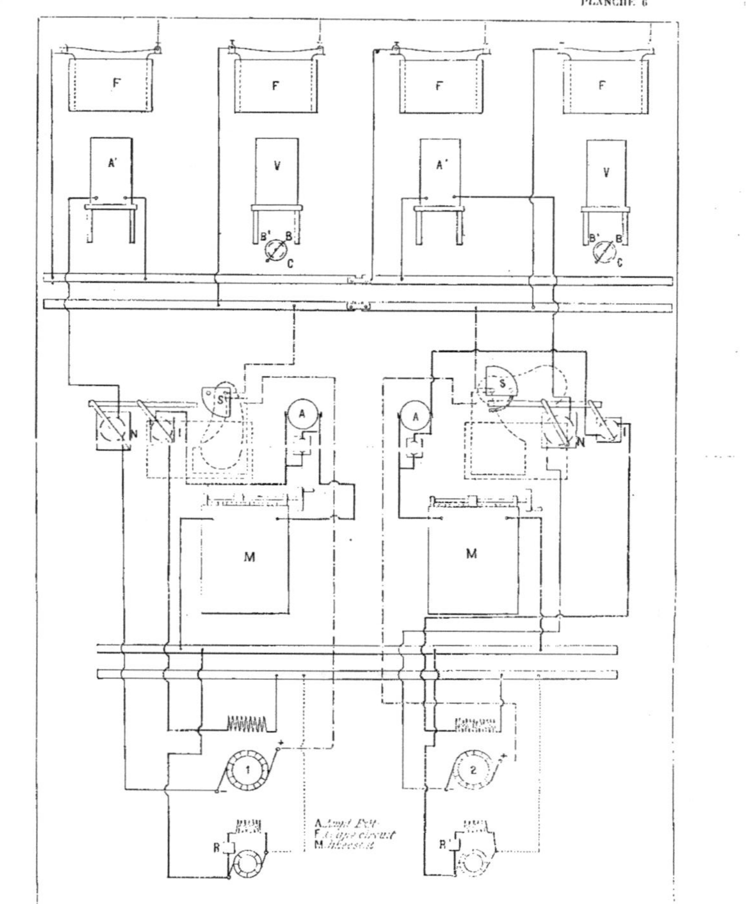

DISTRIBUTION PAR TRANSFORMATEURS A COURANTS CONTINUS. — TABLEAU DE STATION CENTRALE

PLANCHE 7

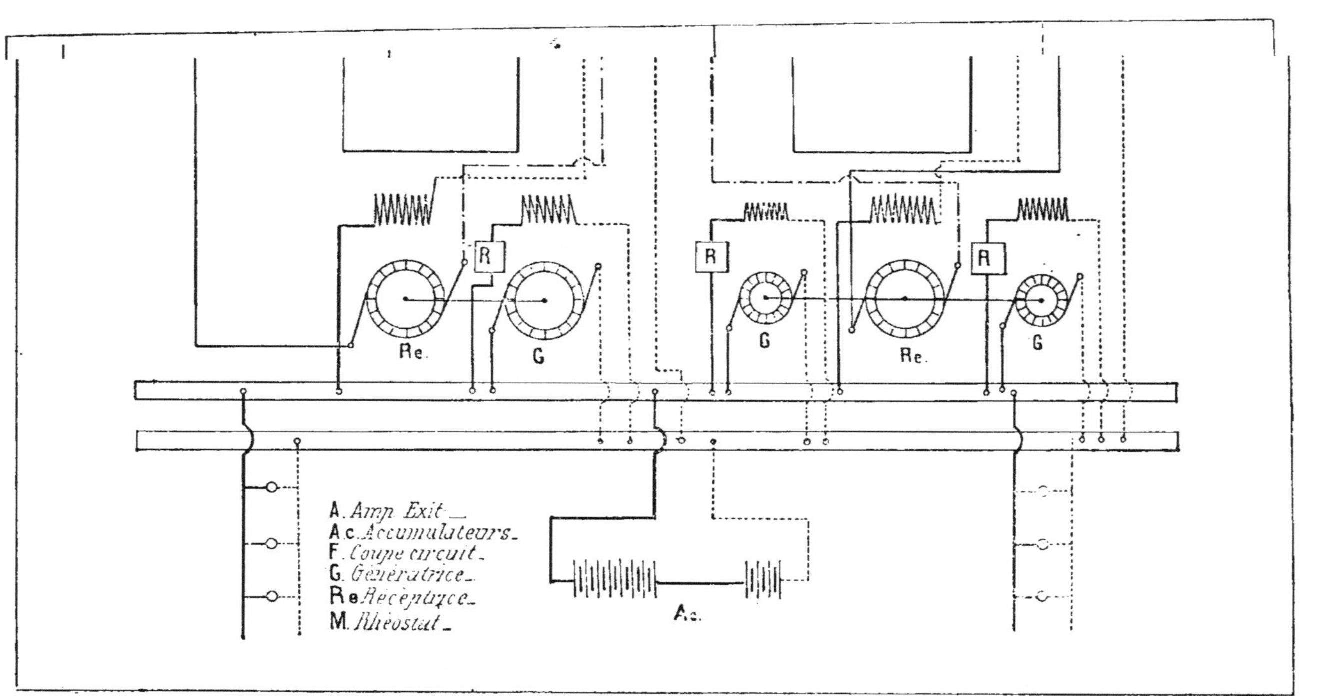

DISTRIBUTION PAR TRANSFORMATEURS A COURANTS CONTINUS. — TABLEAU DE SOUS-STATION.

A. Amp. Exit.
Ac. Accumulateurs.
F. Coupe circuit.
G. Génératrice.
Re. Réceptrice.
M. Rhéostat.

DISTRIBUTION PAR TRANSFORMATEURS A COURANTS CONTINUS. — TABLEAU DE SOUS-STATION.

www.ingramcontent.com/pod-product-compliance
Ingram Content Group UK Ltd.
Pitfield, Milton Keynes, MK11 3LW, UK
UKHW021133260726
13994UKWH00001B/121

9 782329 439334